スッキリとける問題集

建設業経理士 1級

財務分析

TAC出版開発グループ

はしがき

着実に「解ける力」がつく問題集

建設業経理士１級試験に合格するには、100点満点で70点以上をとることが必要となってきます。そのためには、テキストの内容を理解するだけでなく、問題として問われたときに正しく解答を導き出す力が求められるでしょう。

本書は、論点別に問題を並べています。以下、本書の特徴でも述べているテキストも使い、インプット・アウトプットを繰り返していけば、きっと合格に近づいていくはずです。

本書の特徴１　テキスト『スッキリわかる』に完全対応！

本書の「論点別問題編」の構成は、姉妹本となる『スッキリわかる　建設業経理士１級　財務分析』（テキスト）に完全対応しています。テキストでは理解できても、問題になると解けない…ということはよくあることです。２冊を効率的に活用し、問題への対応力を高めていってください。

本書の特徴２　過去問題３回分付き！

本試験は毎年度９月と３月に行われますが、本書では2024年３月試験からさかのぼって３回分の過去問題を載せてあります。本試験と同じく１時間30分を制限時間とし、学習の成果がどれだけ発揮できるか、ぜひ試してみてください。

また、最近の試験傾向をつかめたり、特徴のある解答用紙への記入にも慣れることができたりと、本試験に向けた格好のシミュレーションにもなるはずです。ご活用ください。

難しく感じることがあったとしても、繰り返しやテキストに戻っての理解によって、きっと合格への道が開けてくるはずです。

2024年５月

・第５版刊行にあたって

過去問題編の問題につき最新問題に差し換えました。

本書の効果的な使い方

1.「論点別問題編」を順次解く！

『スッキリわかる　建設業経理士１級　財務分析』（テキスト）を一通り理解したら、本書の**「論点別問題編」**を**章別**に解いていきましょう。問題によっては、別冊内に解答用紙を用意しておりますので、ご利用ください。また、解答用紙は**ダウンロードサービス**もありますので、あわせてご利用ください。

2. 間違えた問題は、テキストに戻って確認！

『スッキリわかる　建設業経理士１級　財務分析』（テキスト）と本書は**章構成が完全対応**していますので、間違えた問題はテキストに戻ってしっかりと復習しておきましょう。その後、改めて問題を解き直して、間違いを克服しましょう。

3. 3回分の過去問題を解く！

本書の別冊には、**3回分の過去問題**を収載しています。時間（1時間30分）を計って、学習の総仕上げと本番のシミュレーションを行いましょう。

なお、過去問題の解答用紙についてもダウンロードサービスがありますので、苦手な問題などがある場合には、繰り返し解いてみることをおすすめします。

合格

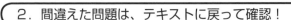

建設業経理士1級（財務分析）の出題傾向と対策

1. 配点

試験ごとに多少異なりますが、通常、次のような配点で出題されます。

第1問	第2問	第3問	第4問	第5問	合　計
20点	15点	20点	15点	30点	100点

試験時間は1時間30分、合格基準は100点満点中70点以上となります。

2. 出題傾向と対策

第1問から第5問の出題傾向と対策は次のとおりです。

	出題傾向	対　策
第1問	第1問は記述問題が出題されます。	150～300字程度で、財務分析全般にわたって出題されます。財務分析を体系的に把握し、各分析手法について正確な理解が必要です。各比率の具体的な内容も理解しておきましょう。
第2問	第2問は用語選択問題や正誤問題が出題されます。	各種指標の意味や資金概念、建設業界の特徴など幅広く問われます。各用語の正確な理解が必要です。
第3問	第3問は各種指標の算定問題、推定問題が出題されます。	各種指標を算定する問題や損益計算書、貸借対照表などの推定問題が出題されます。各指標の計算式や財務諸表の構成要素への理解が必要です。端数処理にも十分注意しましょう。
第4問	第4問は分析問題が出題されます。	近年は、損益分岐点分析や資金変動分析だけでなく、生産性分析、指数法なども多く出題されています。原価の固変分解の理解、損益分岐図表の作成、生産性分析の各指標や正味運転資本型資金運用表などの理解が必要です。
第5問	第5問は財務諸表を用いた総合的な問題が出題されます。	各種比率の算定式を覚え、その算式にあてはまる財務諸表上の適当な科目を選択する必要があります。演習を数多くこなし、端数処理にも十分注意しましょう。

※建設業経理士1級の試験は毎年度9月・3月に行われています。試験の詳細につきましては、検定試験ホームページ（https://www.keiri-kentei.jp）でご確認ください。

出題論点分析一覧表

第24回～第34回までに出題された論点は以下のとおりです。

第1問・第2問

理論の記述と空欄記入（記号選択または正誤問題）が出題されます。

〔①⇒第１問（理論の記述）で出題　②⇒第２問（空欄記入または正誤問題）で出題〕

論点		24	25	26	27	28	29	30	31	32	33	34
財務分析の基礎								①				②
収益性分析		②	②						①		②	
安全性分析	流動性分析			①								①
	健全性分析								①・②			
	資金変動性分析			①								
活動性分析				②	①		②					
生産性分析						①				②		
成長性分析											①	
財務分析の基本的手法							①		②			②
総合評価の手法						②				①		②
キャッシュ・フロー分析					②				②			②
建設業の特性		①						②				
各指標の分類問題												
経営事項審査			①						②	①		

第3問

財務諸表項目の推定と諸比率の算定が出題されます。

論点			24	25	26	27	28	29	30	31	32	33	34
財務諸表項目の推定	損益計算書		★	★	★	★		★	★	★	★	★	★
	貸借対照表		★	★	★	★	★	★	★	★	★	★	★
諸比率の算定	収益性分析	損益分岐点比率						★					
		完成工事高営業外損益率											
		完成工事高経常利益率											
		自己資本経常利益率							★				
	安全性分析 流動性分析	未成工事収支比率										★	
		立替工事高比率	★										
		当座比率				★							
		流動比率											★
		必要運転資金月商倍率					★						
		運転資本保有月数											
		棚卸資産滞留月数											
	安全性分析 健全性分析	負債比率											
		借入金依存度											
		純支払利息比率											
		金利負担能力											
		固定長期適合比率			★								
	活動性分析	固定資産回転率											
		支払勘定回転率		★							★		

論点			24	25	26	27	28	29	30	31	32	33	34
諸比率の算定	生産性分析	労働装備率											
		資本集約度											

第4問

主に諸項目の算定が出題されます。

論点	24	25	26	27	28	29	30	31	32	33	34
損益分岐点分析	★		★		★		★		★		★
生産性分析		★		★		★		★			
成長性分析										★	

第5問

諸比率の算定と空欄記入（記号選択）が出題されます。〔①⇒問1で出題　②⇒問2で出題〕

論点			24	25	26	27	28	29	30	31	32	33	34
収益性分析	総資本完成工事総利益率							②					
	総資本経常利益率			①									
	総資本営業利益率												
	総資本事業利益率			②	①	①				①		①	
	総資本当期純利益率												
	経営資本営業利益率							②			①		
	自己資本経常利益率												
	自己資本当期純利益率					②					②		
	自己資本事業利益率		①				①		①				①
	資本金経常利益率											①	
	完成工事高総利益率						①						
	完成工事高営業利益率							②					
	完成工事高キャッシュ・フロー率		①		①	①		①		①		①	①
	損益分岐点比率				①	②							
	完成工事高経常利益率												
安全性分析	流動性分析	流動比率						①		②			
		当座比率	①						①				
		立替工事高比率		①		①	②		①		①	①	①
		未成工事収支比率		①						①	①		①
		流動負債比率			①					②			①
		必要運転資金月商倍率						①		②			
		運転資本保有月数	①		①		①		①		①		
		営業キャッシュ・フロー対負債比率							②		①		
		営業キャッシュ・フロー対流動負債比率		①		①	②						
		現金預金手持月数					①						
		棚卸資産滞留月数				①				②	①		
		完成工事未収入金滞留月数											
		受取勘定滞留月数										①	

論点			24	25	26	27	28	29	30	31	32	33	34
安全性分析	健全性分析	自己資本比率					②			①	②	①	
		負債比率				①		①	②				
		固定負債比率							②				
		負債回転期間			①		①		①			②	②
		借入金依存度	①								①	①	
		有利子負債月商倍率		①				①					
		金利負担能力					②						
		純支払利息比率	①										②
		固定比率			②	①			②	①		①	
		固定長期適合比率							②				①
		配当率		①			①		①		①		
		配当性向			①	①		①		①		①	①
活動性分析	総資本回転率						①				②		
	総資本回転期間												
	経営資本回転率		①		①			②					
	自己資本回転率			②									
	棚卸資産回転率			①									①
	固定資産回転率							①					
	有形固定資産回転率		②										
	棚卸資産回転期間												
	受取勘定回転率									①			
	受取勘定回転期間												
	正味受取勘定回転率												
	支払勘定回転率		①						①				
	支払勘定回転期間												
生産性分析	職員1人当たり完成工事高												
	労働生産性		②			①							
	付加価値率		①				①		①				①
	労働装備率		②		①		①	①			①		
	資本集約度			①	②				①	①			②
	設備投資効率				②					①			②
	資本生産性（付加価値対固定資産比率）		②	①				①					
成長性分析	完成工事高増減率		①			①			①		①		
	営業利益増減率			①	①		①	①					①
	総資本増減率									①			
	付加価値増減率												
	経常利益増減率												
	自己資本増減率												
	受取勘定滞留月数											①	

CONTENTS

※　論点別問題編、過去問題編とも解答用紙はダウンロードしてご利用いただけます。TAC出版書籍販売サイト・サイバーブックストアにアクセスしてください。
https://bookstore.tac-school.co.jp/

論点別問題編

問　題

マークの意味

理論 計算 …理論問題

理論 計算 …計算問題

第１章　財務分析の基礎

問題 1　財務分析の分析主体

解答…P.78 理論 計算

財務分析について次の各問に答えなさい。

〔問１〕財務分析の分析主体とは何か。120字以内で説明しなさい。

〔問２〕財務分析の外部分析と内部分析について80字以内で説明しなさい。

問題 2　財務諸表分析の限界

解答…P.79 理論 計算

財務諸表分析は、企業の財務数値を分析することにより、財政状態および経営成績を明らかにするものである。しかし、財務諸表分析のみにより、企業の優良性を判断することには問題がある。

以上のことと関連して「財務諸表分析の限界」について500字以内で説明しなさい。

問題 3　建設業の財務構造の特徴①

解答…P.80 理論 計算

建設業の財務構造にはいくつかの特徴がみられる。このうち、貸借対照表の構成比に関係する特徴について、次の各問に答えなさい。

〔問１〕資産に関する特徴を140字以内で説明しなさい。

〔問２〕負債に関する特徴を120字以内で説明しなさい。

〔問３〕純資産に関する特徴を100字以内で説明しなさい。

問題 4　建設業の財務構造の特徴②

解答…P.80　理論 計算

次の文章の［　　］の中に入る適当なものを下記の用語群の中から選び、その記号（ア～タ）を所定の欄に記入しなさい。なお、同一の記号を複数回用いてもよい。

（用語群）

ア．完成工事未収入金	イ．未成工事支出金	ウ．未成工事受入金
エ．減価償却費	オ．修繕費	カ．利益額
キ．純資産額	ク．負債額	ケ．高
コ．低	サ．巨額	シ．資本回転率
ス．資本利益率	セ．総資本当期純利益率	ソ．総資本営業利益率
タ．総資本経常利益率		

建設業の財務構造の特徴についてみていこう。まず、貸借対照表の構成比に関しては、固定資産が相対的に［　1　］く、流動資産の構成比が［　2　］いことがあげられる。このうち流動資産については、その主要原因は［　3　］が［　4　］であるためである。また、流動負債の構成比が［　5　］く、固定負債の構成比が相対的に［　6　］いこと、そして純資産の構成比が［　7　］いことも特徴である。

次に、損益計算書の構成比に関する特徴としては、外注費の構成比が［　8　］いこと、［　9　］や支払利息などが少ないことがあげられる。

問題 5　キャッシュ・フロー計算書

解答…P.81　理論 計算

キャッシュ・フロー計算書の意義について、300字以内で述べなさい。

問題6　キャッシュ・フロー計算書の資金範囲　解答…P.82　理論　計算

次の文章の［　　］の中に入る適当なものを下記の用語群の中から選び、その記号（ア～タ）を所定の欄に記入しなさい。なお、同一の記号を複数回用いてはならない。

（用語群）

ア．現金	イ．小口現金	ウ．現金同等物	エ．要求払預金
オ．長期性預金	カ．債権	キ．長期投資	ク．短期投資
ケ．証券化	コ．市場性のある一時所有の有価証券		サ．投資有価証券
シ．子会社株式	ス．僅少	セ．多大	ソ．換金
タ．価値			

キャッシュ・フロー計算書の資金の範囲は、［ 1 ］及び［ 2 ］である。［ 1 ］とは、手許［ 1 ］および［ 3 ］をいう。［ 3 ］は、事前の通知なしに、または数日前の通知により元本が引き出せるような期限の定めのない預金をいう。

［ 2 ］とは、容易に［ 4 ］可能であり、かつ［ 5 ］の変動について［ 6 ］なリスクしか負わない［ 7 ］をいう。従来の資金収支表の資金に含まれていた［ 8 ］は、［ 5 ］の変動について［ 6 ］なリスクではないため、［ 2 ］には含まれない。

第２章　収益性分析

問題 7　収益性を表す代表的指標

解答…P.82　理論 計算

企業の財務分析上の収益性に係わる指標としては、利益額、完成工事高利益率、資本利益率などがあげられる。これらの指標の特徴を説明するとともに、収益性を表す指標としていずれのものがよいかについて300字以内で書きなさい。

問題 8　総資本利益率と経営資本営業利益率

解答…P.83　理論 計算

次の収益性に関する文章の［　　］の中に入る適当なものを下記の用語群の中から選び、その記号（ア～ス）を所定の欄に記入しなさい。

（用語群）

ア．自己資本	イ．他人資本	ウ．投下資本	エ．完成工事総利益
オ．営業利益	カ．経常利益	キ．税引前当期純利益	ク．当期純利益
ケ．利益額	コ．経営成績	サ．財政状態	
シ．完成工事高利益率		ス．資本利益率	

企業の収益性に関する分析は［ 1 ］を中心に展開されることが一般的である。なぜならば、収益性は［ 2 ］に対する［ 3 ］を意味するものであるからである。

［ 1 ］の分母に経営資本を用いる場合に、分子の利益としては［ 4 ］を用いるべきである。その理由は［ 4 ］こそが、かかる経営資本の運用によってもたらされた成果を示すものだからである。［ 1 ］の分母に総資本を用いた場合に、分子にどのような利益を用いるかは、分析の目的に対する適合性により判断される。収益性分析の目的を処分可能性に重点をおくならば［ 5 ］を、そして経営管理面におくならば［ 6 ］が望ましいといえる。

問題 9　経営資本の範囲

解答…P.84　理論　計算

次に示す項目のうち、経営資本に含まれるものを選びなさい。

ア．未使用の機械　　イ．営業用車両　　ウ．賃借中の本社用建物
エ．建設中の工場　　オ．関係会社出資金　　カ．子会社株式
キ．完成工事未収入金　　ク．開発費（繰延資産）　　ケ．社債発行費（繰延資産）
コ．従業員の福利厚生用施設

問題 10　経営資本営業利益率

解答…P.84　理論　計算

次の資料にもとづいて、経営資本営業利益率を計算しなさい。なお、解答にあたり端数が生じた場合には四捨五入し、小数点第1位まで求めること。

（資　料）

（単位：千円）

経常利益	24,000	有価証券	10,800
営業外費用	12,000	建設仮勘定	12,000
営業外収益	3,000	繰延資産	1,200
販売費及び一般管理費	57,000	稼働中の機械	4,800
総資本	510,000	投資有価証券	22,800
土地	10,800	完成工事未収入金	108,000

問題 11　各資本利益率の良否とその原因分析①

解答…P.85 理論 計算

〔問１〕

次の資料にもとづいて、ＴＡ社の第20期、および第21期の総資本営業利益率と経営資本営業利益率を算定し、所定の欄に記入しなさい。なお、端数処理については、解答欄の指示にしたがうこと。また、各比率の計算において用いる資本は、各期のものを使うこと。

（資　料）

（単位：千円）

	第20期	第21期
完成工事高	1,080,000	1,140,000
完成工事原価	780,000	810,000
販売費及び一般管理費	180,000	198,000
経営資本	1,200,000	1,440,000
総資本	1,800,000	1,800,000

〔問２〕

〔問１〕の比率にもとづいて、次のＴＡ社の収益性に関する文章の［　　　］の中に入る適当なものを下記の用語群の中から選び、その記号（ア～シ）を所定の欄に記入しなさい。なお、同一の用語を２回以上用いてはならない。

（用語群）

ア．高い　　イ．低い　　ウ．悪く

エ．良く　　オ．上回って　　カ．下回って

キ．変わらない　　ク．建設仮勘定　　ケ．完成工事未収入金

コ．未成工事支出金　　サ．営業利益　　シ．当期純利益

第20期と第21期の総資本営業利益率を比較すると、第21期の方が［　1　］なっているのに対し、経営資本営業利益率は［　2　］なっている。これは、経営資本の増加率が［　3　］の増加率を［　4　］いるためである。その原因としては、［　5　］が完成し経営資本となり、営業利益の稼得に貢献しても、その効率が［　6　］ことなどが考えられる。

問題 12　各資本利益率の良否とその原因分析②

解答…P.86　理論 計算

〔問1〕

次の資料にもとづいて、第19期、および第20期の総資本営業利益率と経営資本営業利益率を計算しなさい。なお、解答にあたり端数が生じた場合には、解答欄の指示にしたがうこと。また、各比率の計算において用いる資本は、各期のものを使うこと。

（資　料）

（単位：千円）

	第19期	第20期
完成工事高	1,200,000	1,440,000
完成工事原価	1,020,000	1,200,000
販売費及び一般管理費	108,000	150,000
総資本	420,000	540,000
繰延資産	6,000	6,000
投資その他の資産	6,000	84,000
未成工事支出金	132,000	180,000

〔問2〕

〔問1〕の比率にもとづいて、次の収益性に関する文章の［　　］の中に入る適当なものを下記の用語群の中から選び、その記号（ア～サ）を所定の欄に記入しなさい。

（用語群）

ア．良い　　イ．悪い　　ウ．増加
エ．減少　　オ．上回って　　カ．下回って
キ．投資その他の資産　　ク．総資本　　ケ．経営資本営業利益率
コ．総資本営業利益率　　サ．繰延資産

第20期においては、第19期に比べ［ 1 ］は悪くなっているが、［ 2 ］は良くなっている。このような結果になった理由について分析していこう。

これは、経営資本に含まれない［ 3 ］が、かなり増加しており、その増加率が営業利益の増加率を［ 4 ］いるためであり、結果的に投資その他の資産の効率が［ 5 ］ことを意味している。

問題13　完成工事高利益率の種類とその特徴　解答…P.87　理論　計算

次の文章の[　　]の中に入る適当なものを下記の用語群の中から選び、その記号（ア～セ）を所定の欄に記入しなさい。

（用語群）

ア．主たる営業活動　　イ．財務活動　　ウ．完成工事総利益
エ．販売費及び一般管理費　　オ．営業利益　　カ．経常利益
キ．税引前当期純利益　　ク．特別利益　　ケ．取引採算性
コ．資本効率　　サ．完成工事高総利益率
シ．完成工事高営業利益率　　ス．完成工事高経常利益率
セ．完成工事高当期純利益率

完成工事高利益率は、分子にどのような利益を用いるかにより、さまざまな比率として表される。

[1] は、完成工事高に対する [2] の比率であり、粗利益率ともよばれる。[1] は、購入、販売、施工に係わる企業の諸活動にもとづく [3] の指標ともいえる。

[4] は、完成工事高に対する [5] の比率であり、企業本来の営業活動を分析する際に重要な指標となる。

ここで、[1] と [4] の差が大きいということは、完成工事高に対して [6] が大きいことを表している。

完成工事高に対する [7] の比率を [8] という。この比率は、企業の経常的経営活動の収益性を表す指標である。

[4] と [8] の関係をみることにより、[9] が企業の収益性に及ぼしている影響をみることができる。

問題 14　対完成工事高比率①

解答…P.88　理論　計算

下記のＡ社の第10期の資料にもとづいて、次の(1)から(5)の比率を計算しなさい。なお、解答にあたり端数が生じた場合には四捨五入し、小数点以下第１位まで求めること。

(1)　完成工事高対販売費及び一般管理費率
(2)　完成工事高営業外損益率
(3)　完成工事高営業利益率
(4)　完成工事高経常利益率
(5)　完成工事高キャッシュ・フロー率

（資　料）

（単位：千円）

完成工事高	240,000	減価償却実施額	12,600
完成工事原価	192,000	引当金増加額	13,200
営業利益	27,000	当期中の利益剰余金による株主配当金	4,800
経常利益	28,200		
税引前当期純利益	19,200		
法人税、住民税及び事業税	6,000		
法人税等調整額	△1,200		

問題15　金融費用に関する比率分析の必要性　解答…P.89　理論　計算

次の文章の［　　］の中に入る適当なものを下記の用語群の中から選び、その記号（ア～コ）を所定の欄に記入しなさい。

〈用語群〉

ア．高く　　　イ．低く　　　ウ．総合的　　　エ．個別的
オ．完成工事高営業利益率　　　カ．完成工事高経常利益率
キ．完成工事高対金融費用率　　　ク．金利負担能力
ケ．営業費用比率　　　コ．完成工事高対販売費及び一般管理費率

［　1　］とは、完成工事高に対する金融費用の比率であり、企業の［　2　］を表す指標である。

わが国においては借入金依存度が［　3　］、そのため金融費用の収益性への影響を分析する必要性が高い。金融費用は営業外費用の構成要素の一つであるから、［　4　］はその影響を分析する一つの尺度といえる。［　4　］は、企業のさまざまな経営活動にもとづく［　5　］な収益力を表すものだから、金融費用の影響だけをみることはできない。そこで、金融費用に関わる比率を個別的に取り上げ、分析を行う必要がある。

問題 16 対完成工事高比率②

解答…P.89 理論 計算

下記の資料にもとづいて、次の(1)から(4)の比率を計算しなさい。なお、解答にあたり端数が生じた場合には、小数点以下第２位を四捨五入すること。

(1) 完成工事高経常利益率

(2) 完成工事高総利益率

(3) 完成工事高営業利益率

(4) 純金利負担率

（資　料）

損　益　計　算　書

第５期（×２年１月１日～×２年12月31日）

（単位：千円）

Ⅰ 完成工事高		770,400
Ⅱ 完成工事原価		536,400
完成工事総利益		234,000
Ⅲ 販売費及び一般管理費		59,760
営業利益		174,240
Ⅳ 営業外収益		
受取利息	6,480	
その他営業外収益	3,480	9,960
Ⅴ 営業外費用		
支払利息	35,400	
その他営業外費用	5,400	40,800
経常利益		143,400

問題 17　収益性分析に関する諸比率①　解答…P.90　理論　計算

次の資料にもとづいて、T社の第20期の下記の諸比率を算定しなさい。なお、解答にあたり端数が生じる場合は、四捨五入し小数点以下第2位まで求めること。

(1)　総資本営業利益率　(2)　総資本経常利益率
(3)　経営資本営業利益率　(4)　完成工事高総利益率
(5)　完成工事高営業利益率　(6)　完成工事高キャッシュ・フロー率

（資　料）

貸　借　対　照　表

T社　第20期（×2年3月31日）　（単位：千円）

資産の部		負債の部	
I　流動資産		I　流動負債	
現金預金	25,200	支払手形	15,000
受取手形	9,000	工事未払金	18,000
完成工事未収入金	43,800	短期借入金	52,800
有価証券	6,600	未成工事受入金	48,000
未成工事支出金	58,200	未払法人税等	4,200
材料貯蔵品	1,200	その他の流動負債	4,800
その他の流動資産	4,200	流動負債合計	142,800
貸倒引当金	△ 600	II　固定負債	
流動資産合計	147,600	長期借入金	6,000
II　固定資産		退職給付引当金	1,800
1. 有形固定資産		その他の固定負債	3,000
建物・構築物	9,000	固定負債合計	10,800
機械・運搬具	6,000	負債合計	153,600
工具・器具・備品	1,200	純資産の部	
土地	3,600	I　株主資本	
有形固定資産合計	19,800	1. 資本金	6,000
2. 無形固定資産	7,800	2. 資本剰余金	
3. 投資その他の資産	3,000	(1) 資本準備金	3,000
固定資産合計	30,600	資本剰余金合計	3,000
III　繰延資産	1,800	3. 利益剰余金	
		(1) 利益準備金	2,400
		(2) その他利益剰余金	
		任意積立金	9,000
		繰越利益剰余金	6,000
		利益剰余金合計	17,400
		株主資本合計	26,400
		純資産合計	26,400
資産合計	180,000	負債・純資産合計	180,000

損益計算書

第20期（×1年4月1日～×2年3月31日）　（単位：千円）

Ⅰ	完成工事高		513,600
Ⅱ	完成工事原価		447,000
	完成工事総利益		66,600
Ⅲ	販売費及び一般管理費		49,800
	営業利益		16,800
Ⅳ	営業外収益		7,200
Ⅴ	営業外費用		16,800
	経常利益		7,200
Ⅵ	特別利益		1,200
Ⅶ	特別損失		600
	税引前当期純利益		7,800
	法人税、住民税及び事業税	2,400	
	法人税等調整額	600	3,000
	当期純利益		4,800

（その他の資料）

(1)　減価償却費　　2,400千円

(2)　当期中の利益剰余金による株主配当金　　1,800千円

(3)　貸借対照表には、表示されている引当金以外に、完成工事補償引当金1,200千円が含まれている。

(4)　第19期の各種引当金の合計額は3,000千円であった。

問題18 収益性分析に関する諸比率②

解答…P.91 理論 計算

次の資料にもとづいて、第30期の以下の諸比率を計算しなさい。なお、比率の計算にあたり期中平均値を使用することが妥当なものはそれを用いること。また、端数が生じた場合には、四捨五入し小数点以下第2位まで求めなさい。

(1) 総資本経常利益率　(2) 経営資本営業利益率　(3) 自己資本当期純利益率
(4) 自己資本事業利益率　(5) 完成工事高経常利益率　(6) 完成工事高対販売費及び一般管理費率

（資　料）

貸借対照表　（単位：千円）

	第29期	第30期		第29期	第30期
資産の部			負債の部		
Ⅰ　流動資産			Ⅰ　流動負債		
現金預金	10,440	12,600	支払手形	10,920	10,320
受取手形	4,320	4,470	工事未払金	25,380	35,880
完成工事未収入金	45,000	53,670	短期借入金	21,480	27,000
有価証券	9,780	10,800	未成工事受入金	60,720	61,200
未成工事支出金	95,040	104,400	その他の流動負債	5,880	7,680
その他の流動資産	1,950	2,940	流動負債合計	124,380	142,080
貸倒引当金	△150	△180	Ⅱ　固定負債		
流動資産合計	166,380	188,700	社債	3,900	2,520
Ⅱ　固定資産			長期借入金	7,380	9,600
1．有形固定資産			退職給付引当金	4,800	4,920
建物・構築物	2,520	2,550	その他の固定負債	3,060	2,520
機械・運搬具	3,120	3,090	固定負債合計	19,140	19,560
工具・器具・備品	660	780	負債合計	143,520	161,640
土地	4,140	4,140	純資産の部		
有形固定資産合計	10,440	10,560	Ⅰ　株主資本		
2．無形固定資産	180	240	1．資本金	18,000	18,000
3．投資その他の資産	2,880	4,440	2．資本剰余金		
固定資産合計	13,500	15,240	(1) 資本準備金	4,800	4,800
Ⅲ　繰延資産	120	60	資本剰余金合計	4,800	4,800
			3．利益剰余金		
			(1) 利益準備金	2,280	2,280
			(2) その他利益剰余金		
			任意積立金	9,000	9,300
			繰越利益剰余金	2,400	7,980
			利益剰余金合計	13,680	19,560
			株主資本合計	36,480	42,360
			純資産合計	36,480	42,360
資産合計	180,000	204,000	負債・純資産合計	180,000	204,000

損益計算書

（単位：千円）

	第29期	第30期
Ⅰ 完成工事高	228,000	252,000
Ⅱ 完成工事原価	201,000	216,000
完成工事総利益	27,000	36,000
Ⅲ 販売費及び一般管理費	18,900	19,500
営業利益	8,100	16,500
Ⅳ 営業外収益	1,200	1,260
Ⅴ 営業外費用	3,300	3,180
税引前当期純利益	6,000	14,580
法人税、住民税及び事業税	3,900	7,800
当期純利益	2,100	6,780

（注）第30期の営業外費用のうち他人資本利子は600千円である。

問題19 損益分岐点分析①

解答…P.92 理論 計算

次の文章の[　　]の中に入る適当なものを下記の用語群の中から選び、その記号（ア～タ）を所定の欄に記入しなさい。

〈用語群〉

ア．完成工事高	イ．完成工事原価	ウ．原材料費
エ．減価償却費	オ．変動費	カ．固定費
キ．営業費用	ク．原価	ケ．利益
コ．スキャッターグラフ法	サ．損益分岐点	シ．高低２点法
ス．最小自乗法	セ．実数分析	ソ．勘定科目精査法
タ．構成比率分析		

[1]とは、収益と費用が等しく、[2]がゼロになる点である。[1]分析においては、いくつかの条件が設けられているが、そのなかでもとくに重要な条件は、総費用が[3]と[4]に分解されるという前提である。[3]とは、完成工事高の増減に比例して、その発生額が変化する費用であり、その例としては[5]、燃料費などがある。これに対し[4]は完成工事高の増減に関係なく一定期間に決まった額だけ発生する費用である。[4]の具体例としては[6]、保険料などがあげられる。

総費用を[3]と[4]に分解する方法としては、[7]、[8]、[9]、[10]がある。[7]は、それぞれの費用を科目ごとに分解する方法であり、[8]は、2つの異なる操業度と、それぞれに対応した費用総額を比較することにより分解する方法である。[9]はグラフを用いて総費用線を引くことにより、また[10]は過去のデータに数学的処理を加えることにより分解していく方法である。

問題 20　原価の固変分解

解答…P.93　理論　計算

〔問１〕

次の資料にもとづいて、高低２点法（総費用法）によりＡ社の第20期の⑴変動費率、⑵変動費額、⑶固定費額、⑷損益分岐点における完成工事高を計算しなさい。

（資　料）

（単位：千円）

	完成工事高	総費用
第19期	120,000	84,000
第20期	144,000	93,600

〔問２〕

〔問１〕の条件のもとにおいて、仮に第20期の目標利益額が7,200千円である場合に、これを実現するために必要な完成工事高を計算しなさい。

問題 21　損益分岐点分析②

解答…P.94　理論　計算

次の資料にもとづいて、⑴から⑹の各問に答えなさい。なお、解答にあたり端数が生じた場合には千円未満を四捨五入し、また、％表示のものは小数点第２位を四捨五入すること。

⑴　損益分岐点完成工事高を求めなさい。

⑵　安全余裕率を求めなさい。

⑶　損益分岐点比率を求めなさい。

⑷　目標利益24,000千円を達成するために必要な完成工事高を求めなさい。

⑸　完成工事高利益率10％を達成するために必要な完成工事高を求めなさい。

⑹　仮に、当期と同じ完成工事高で48,000千円の利益を計上するためには変動費率をいくらに引き下げなければならないかを求めなさい（小数点以下第３位まで求めること）。

（当期の資料）

完成工事高	438,000千円
変　動　費	297,840千円
固　定　費	98,880千円

問題22　建設業の損益分岐点分析

解答…P.95 理論 計算

次の文章の[　　]の中に入る適当なものを下記の用語群の中から選び、その記号（ア～シ）を所定の欄に記入しなさい。

損益分岐点とは、一定期間の[　1　]と、それに対応する原価あるいは費用が等しくなる点であり、[　2　]がゼロとなる点を意味する。

損益分岐点分析を行うためには、総費用を[　3　]と[　4　]へ分解する必要がある。分解の方法には、[　5　]、[　6　]、スキャッターグラフ法、[　7　]などがある。

[　5　]とは、原価ないし費用を科目別にその内容を調べて、[　3　]と[　4　]にに区別する方法である。[　6　]は、二つの異なった操業水準における費用額を測定し、その差額の推移により、総費用を固定費部分と変動費部分に区分する方法であり、変動費率法ともよばれる。スキャッターグラフ法は、散布図表法ともよばれ、複数の実数数値をグラフ上に記入し、傾向線を引き、総費用を分解する方法である。[　7　]は、実数データに数学的処理を加えることにより、総費用線を引く方法であり、スキャッターグラフ法における直線に客観性を付与するものである。

（用語群）

ア．変動費	イ．固定費	ウ．資本	エ．負債
オ．利益	カ．完成工事高	キ．考課法	ク．最小自乗法
ケ．指数法	コ．高低２点法	サ．多変量解析	シ．勘定科目精査法

第3章　安全性分析

問題23　流動比率と当座比率①

解答…P.96　理論　計算

次の文章の[　　]の中に入る適当なものを下記の用語群の中から選び、その記号（ア～ト）を所定の欄に記入しなさい。

（用語群）

ア．当座資産	イ．未成工事支出金	ウ．未成工事受入金
エ．有価証券	オ．退職給付引当金	カ．貸倒引当金
キ．流動資産	ク．流動負債	ケ．固定資産
コ．固定負債	サ．50	シ．100
ス．150	セ．200	ソ．当座比率
タ．現金比率	チ．流動比率	ツ．固定比率
テ．運用能力	ト．支払能力	

企業の財務安全性について考える。

短期安全性の分析に用いられる代表的な比率としては[1]がある。[1]は、2対1の原則ともいわれ、比較的短期に支払期限の到来する債務である[2]とその支払手段としての資産である[3]の割合を示すものである。よって、この比率は企業の短期的な[4]を表す指標といえる。

また、[1]より、いっそう確実性の高い[4]をみる指標として[5]があげられる。[5]は、[2]に対する[6]の比率である。[6]に含まれるものとしては、現金、受取手形、完成工事未収入金、[7]、未収金などがある。なお、[8]がある場合には、それを控除することになる。

[1]は、2対1の原則といわれるように、[9]％以上が理想的とされる。しかし、資本市場・金融機関との関係を考慮に入れれば[9]％までなくてもよいが、[10]％を下回るようであれば財務健全性に問題があるといえる。

同様に[5]は[10]％以上が望ましい。しかし、[10]％なくても、一概に支払能力に欠けるとはいえず、買掛債務、売上債権などの回転期間とあわせて分析を行う必要がある。

問題24　流動比率と当座比率②

解答…P.97　理論　計算

流動比率と当座比率について次の各問に答えなさい。

〔問１〕流動比率と当座比率の内容について150字以内で説明しなさい。

〔問２〕流動比率と当座比率の共通点と相違点について200字以内で説明しなさい。

問題25　固定比率と固定長期適合比率

解答…P.98　理論　計算

次の文章の［　　］の中に入る適当なものを下記の用語群の中から選び、その記号（ア～ス）を所定の欄に記入しなさい（記号は複数回使用しても良い）。

（用語群）

ア．50	イ．100	ウ．150	エ．200
オ．流動資産	カ．固定資産	キ．流動負債	ク．固定負債
ケ．流動比率	コ．固定比率	サ．固定長期適合比率	シ．借入金
ス．投資			

企業の長期的な財務安全性を表す指標として［　1　］があげられる。［　1　］は、自己資本に対する［　2　］の比率であり、［　2　］の購入資金は自己資金によってまかなわれるべきという考えのもと、［　3　］％以下が望ましいとされる。

わが国の場合には、［　2　］への投資は自己資本ばかりではなく、［　4　］によってもまかなわれることが多い。よって、自己資本と長期［　4　］などの［　5　］の合計額と［　2　］の比率でその支払能力を判定しようとする考え方がある。このとき用いられる比率を［　6　］という。［　6　］が［　7　］％以下ならば財務健全性は良好であるといえる。しかし、［　6　］が［　7　］％以上ならば固定資産の一部が［　8　］に依存していることになり不健全な状態にあるといえる。

MEMO

問題26　安全性分析に関する諸比率①　解答…P.98　理論　計算

A社の第10期（×7年4月1日～×8年3月31日）の要約財務諸表およびその他のデータは次の（資料）のとおりである。これらの（資料）にもとづいて、下記の諸比率を計算しなさい。なお、解答にあたり端数が生じた場合には、小数点以下第3位を四捨五入し、第2位まで求めること。また、(1)、(2)、(11)については(a)通常の場合と(b)建設業の場合の2つの値を計算すること。

(1)　流動比率
(2)　当座比率
(3)　負債比率
(4)　固定比率
(5)　未成工事収支比率
(6)　借入金依存度
(7)　固定長期適合比率
(8)　自己資本比率
(9)　運転資本保有月数
(10)　受取勘定滞留月数
(11)　現金預金比率
(12)　現金預金手持月数
(13)　営業キャッシュ・フロー対流動負債比率
(14)　有利子負債月商倍率
(15)　立替工事高比率

（資　料）

貸借対照表

（単位：千円）

資産の部		負債の部	
I　流動資産		I　流動負債	
現金預金	39,600	支払手形	25,500
受取手形	18,000	工事未払金	52,800
完成工事未収入金	78,600	短期借入金	93,600
有価証券	13,200	未成工事受入金	96,000
未成工事支出金	156,600	その他の流動負債	23,700
材料貯蔵品	3,000	〔流動負債合計〕	291,600
その他の流動資産	2,700	II　固定負債	
貸倒引当金	△ 900	長期借入金	10,800
〔流動資産合計〕	310,800	その他の固定負債	6,000
II　固定資産		〔固定負債合計〕	16,800
有形固定資産	145,800	負債合計	308,400
土地	7,500	純資産の部	
建設仮勘定	2,100	I　株主資本	
その他の固定資産	900	資本金	54,000
減価償却累計額	△ 31,500	資本剰余金	37,200
〔固定資産合計〕	124,800	利益剰余金	36,000
		〔株主資本合計〕	127,200
		純資産合計	127,200
資産合計	435,600	負債・純資産合計	435,600

損益計算書

(単位：千円)

Ⅰ 完成工事高	525,000
Ⅱ 完成工事原価	441,000
完成工事総利益	84,000
Ⅲ 販売費及び一般管理費	60,000
営業利益	24,000
Ⅳ 営業外収益	13,200
Ⅴ 営業外費用	19,200
(うち他人資本利子)	(17,400)
経常利益	18,000
Ⅵ 特別利益	1,200
Ⅶ 特別損失	1,800
税引前当期純利益	17,400
法人税、住民税及び事業税	9,600
当期純利益	7,800

(注) キャッシュ・フロー計算書の「営業活動によるキャッシュ・フロー」の金額は15,000千円である。

問題27 当座比率

解答…P.100 理論 計算

ＴＴ社の第20期の一部のデータが判明している。このとき、当座比率（一般的なもの）の値を計算しなさい。

(判明している一部のデータ)

流動負債	30,000千円
棚卸資産	9,000千円
その他の当座資産とならない流動資産	1,800千円
流動比率(一般的な比率)	130％

問題 28　安全性分析に関する諸比率と財務健全性①

解答…P.101　理論　計算

〔問１〕

次の資料にもとづいて、X社とY社の次の諸比率を計算しなさい。なお、解答にあたり端数が生じる場合には、％未満を四捨五入すること（流動比率と当座比率については、建設業で用いられている計算方法によること）。

A．流動比率
B．当座比率
C．固定比率
D．固定長期適合比率
E．自己資本比率
F．負債比率

（資　料）

X社　　　　貸借対照表　　　　（単位：千円）

科目	金額	科目	金額
現金預金	18,900	支払手形	95,340
受取手形	82,680	工事未払金	10,500
完成工事未収入金	165,840	未成工事受入金	147,900
未成工事支出金	90,600	短期借入金	57,840
材料貯蔵品	24,162	その他の流動負債	166,398
その他の流動資産	163,908	流動負債計	477,978
流動資産計	546,090	長期借入金	147,780
建物	247,440	退職給付引当金	39,240
構築物	26,130	固定負債計	187,020
機械	383,220	負債合計	664,998
車両	8,100	資本金	210,000
工具備品	10,680	利益準備金	39,000
土地	53,340	任意積立金	322,992
有形固定資産計	728,910	繰越利益剰余金	56,010
投資その他の資産	18,000	株主資本計	628,002
固定資産計	746,910	純資産合計	628,002
資産合計	1,293,000	負債・純資産合計	1,293,000

X社　　　損益計算書（単位：千円）

科目	金額
完成工事高	1,939,500
完成工事原価	1,648,578

Y社　　　　　　　　　貸借対照表　　　　　　（単位：千円）

科目	金額	科目	金額
現金預金	8,160	支払手形	19,560
受取手形	25,440	工事未払金	5,520
完成工事未収入金	53,820	未成工事受入金	35,220
未成工事支出金	7,680	短期借入金	6,240
材料貯蔵品	3,708	その他の流動負債	25,686
その他の流動資産	40,446	流動負債計	92,226
流動資産計	139,254	長期借入金	11,904
建物	9,498	退職給付引当金	1,890
構築物	2,934	固定負債計	13,794
機械	17,814	負債合計	106,020
車両	798	資本金	30,000
工具備品	606	利益準備金	6,000
土地	3,720	任意積立金	26,310
有形固定資産計	35,370	繰越利益剰余金	7,470
投資その他の資産	1,176	株主資本計	69,780
固定資産計	36,546	純資産合計	69,780
資産合計	175,800	負債・純資産合計	175,800

Y社　　　損益計算書　（単位：千円）

科目	金額
完成工事高	228,540
完成工事原価	191,976

〔問２〕

〔問１〕の諸比率を参考に、次の[　　]の中に入る適当なものを下記の用語群の中から選び、その記号（ア～シ）を所定の欄に記入しなさい（同一記号を複数回使用してもよい)。

(用語群)

ア．自己資本	イ．他人資本	ウ．流動比率	エ．当座比率
オ．固定比率	カ．固定長期適合比率	キ．X	ク．Y
ケ．低い	コ．高い	サ．100	シ．200

X社とY社の財務安全性を比較すると、短期安全性、長期安全性ともに[1]社の方が高い。

短期安全性を示す指標としては、[2]と[3]があり、これらの比率をみると[1]社の方が[4]値を示している。よって、短期的な安全性は[1]社の方が高いことがわかる。

長期的安全性を示す指標としては[5]と[6]があり、ともに[1]社の方が低い値を示しているから、[1]社の方が安全性が高いといえる。

では、[7]社は財務安全性に問題があるかというと、そうとはいえない。なぜならば[2]は[8]％以上あり、[6]は[8]％以下であるからである。

また、負債比率をみると両者ともに100％以上である。一般に負債比率は[9]％以下であれば、負債が[10]でまかなわれていることになり、支払能力に支障がないといえる。しかし、この比率のみから支払能力を判定することはできず、他の要因を含めて総合的に判断する必要がある。

MEMO

問題29　安全性分析に関する諸比率②　解答…P.103　理論　計算

ＫＫ株式会社の第30期の要約財務諸表および関連データ（一部推定）は次の資料のとおりである。これらにもとづいて、貸借対照表の空欄（Ａ～Ｃ）の金額を求め、かつ下記の諸比率を算定しなさい。なお、解答に際して端数が生じる場合には、解答欄の指示にしたがうこと。

D．流動比率（建設業で用いられるもの）
E．借入金依存度
F．流動負債比率（建設業で用いられるもの）
G．受取勘定滞留月数
H．完成工事未収入金滞留月数
I．必要運転資金月商倍率
J．固定負債比率
K．固定長期適合比率
L．営業キャッシュ・フロー対流動負債比率

（資　料）

貸　借　対　照　表

ＫＫ株式会社　第30期　（単位：百万円）

資産の部		負債の部	
I　流動資産		I　流動負債	
現金預金	6,720	支払手形	5,532
受取手形	6,096	工事未払金	9,156
完成工事未収入金	16,812	短期借入金	13,530
有価証券	3,468	未成工事受入金	11,100
未成工事支出金	A	その他の流動負債	2,682
材料貯蔵品	90	〔流動負債計〕	〔42,000〕
その他の流動資産	552	II　固定負債	
貸倒引当金	△78	長期借入金	7,614
〔流動資産計〕	〔　　〕	退職給付引当金	3,024
II　固定資産		その他の固定負債	1,962
償却対象資産	B	〔固定負債計〕	〔12,600〕
土地	1,920	負債合計	54,600
建設仮勘定	234	純資産の部	
その他の固定資産	1,626	I　株主資本	
減価償却累計額	△6,258	資本金	C
〔固定資産計〕	〔　　〕	資本剰余金	954
		利益剰余金	3,246
		〔株主資本計〕	〔　　〕
		純資産合計	
資産合計		負債・純資産合計	

損益計算書

（単位：百万円）

Ⅰ	完成工事高	81,000
Ⅱ	完成工事原価	66,138
	完成工事総利益	14,862
Ⅲ	販売費及び一般管理費	12,066
	営業利益	2,796
Ⅳ	営業外収益	618
Ⅴ	営業外費用	1,344
	経常利益	2,070
Ⅵ	特別利益	306
Ⅶ	特別損失	372
	税引前当期純利益	2,004
	法人税，住民税及び事業税	1,098
	当期純利益	906

完成工事原価報告書

（単位：百万円）

Ⅰ	材料費	19,548
Ⅱ	労務費	6,618
Ⅲ	外注費	34,926
Ⅳ	経費	5,046
	完成工事原価	66,138

期中平均職員数

技術職員	103人
事務職員	42人
	145人

（その他の資料）

負債比率	910%
固定比率	249%
未成工事収支比率	92.5%

キャッシュ・フロー計算書の「営業活動によるキャッシュ・フロー」の金額は、3,300百万円である。

問題30 安全性分析に関する諸比率と財務健全性②

解答…P.105 理論 計算

ＴＫ株式会社の第20期の要約財務諸表および関連データは次のとおりである。次の各問に解答しなさい。

〔問１〕

下記の諸比率を算定しなさい。解答に際して端数が生じる場合には、解答欄の指示にしたがうこと。

Ａ．負債比率　　Ｂ．当座比率　　Ｃ．固定比率

Ｄ．固定長期適合比率　　Ｅ．金利負担能力　　Ｆ．受取勘定滞留月数

Ｇ．必要運転資金滞留月数

貸　借　対　照　表

（単位：百万円）

資産の部		負債の部	
Ⅰ　流動資産		Ⅰ　流動負債	
現金預金	21,210	支払手形	16,218
受取手形	18,732	工事未払金	23,616
完成工事未収入金	46,458	短期借入金	40,548
有価証券	10,362	未成工事受入金	33,762
未成工事支出金	36,720	その他の流動負債	8,238
材料貯蔵品	300	〔流動負債計〕	〔122,382〕
その他の流動資産	1,626	Ⅱ　固定負債	
貸倒引当金	△252	長期借入金	20,880
〔流動資産計〕	〔135,156〕	退職給付引当金	9,300
Ⅱ　固定資産		その他の固定負債	5,940
償却資産	52,230	〔固定負債計〕	〔36,120〕
土地	5,874	負債合計	158,502
建設仮勘定	690	純資産の部	
その他の固定資産	4,272	Ⅰ　株主資本	
減価償却累計額	△18,222	資本金	5,400
〔固定資産計〕	〔44,844〕	資本剰余金	3,690
		利益剰余金	12,408
		〔株主資本計〕	〔21,498〕
		純資産合計	21,498
資産合計	180,000	負債・純資産合計	180,000

損　益　計　算　書

（単位：百万円）

Ⅰ	完成工事高	246,720
Ⅱ	完成工事原価	204,090
	完成工事総利益	42,630
Ⅲ	販売費及び一般管理費	36,930
	営業利益	5,700
Ⅳ	営業外収益	1,452
Ⅴ	営業外費用	2,958
	経常利益	4,194
Ⅵ	特別利益	612
Ⅶ	特別損失	858
	税引前当期純利益	3,948
	法人税，住民税及び事業税	2,298
	当期純利益	1,650

完成工事原価報告書

（単位：百万円）

Ⅰ	材料費	60,498
Ⅱ	労務費	20,370
Ⅲ	外注費	107,604
Ⅳ	経費	15,618
	完成工事原価	204,090

期中平均職員数

技術職員	2,112人
事務職員	1,008人
	3,120人

（注）営業外費用のうち、2,550百万円は支払利息であり、営業外収益は、すべて受取利息及び受取配当金である。

〔問２〕

次の文章の［　　］の中に入る適当なものを下記の用語群の中から選び、その記号（ア～ス）を所定の欄に記入しなさい。なお、同一の記号を複数回用いてはならない。

（用語群）

ア．50　イ．100　ウ．200　エ．流動負債
オ．固定負債　カ．流動比率　キ．当座比率　ク．負債比率
ケ．固定比率　コ．固定長期適合比率　サ．生産性　シ．財務健全性
ス．収益性

［　1　］とは、固定資産への投資を自己資本の範囲内で実施できるかを判定する指標であり、［　2　］％以下が望ましいとされる。ＴＫ株式会社の第20期をみると、［　1　］は［　2　］％を上回っている。次にＴＫ株式会社の［　3　］を計算すると［　2　］％以下である。［　3　］は、固定資産への投資は、自己資本と［　4　］によってまかなわれるべきという考えにもとづく比率であり、［　2　］％以下であれば、［　1　］が［　2　］％を上回っていても、［　5　］は問題がないといえる。この点においてはＴＫ株式会社の財務構造には問題がないといえる。

問題31　負債比率と資本利益率

解答…P.107　理論　計算

次の文章の［　　］の中に入る適当なものを下記の用語群の中から選び、その記号（ア〜チ）を所定の欄に記入しなさい。なお、同一の記号を複数回用いてもよい。

（用語群）

ア．財務レバレッジ	イ．財務リスク	ウ．財務安全性	エ．総資本
オ．自己資本	カ．他人資本	キ．巨額	ク．少額
ケ．高	コ．低	サ．負債比率	シ．固定比率
ス．自己資本比率	セ．自己資本利益率		ソ．総資本回転率
タ．未成工事支出金	チ．未成工事受入金		

［　1　］とは、自己資本に対する負債総額の比率であり、負債の利用程度を表すものである。負債の利用は［　2　］とよばれ、これにより企業は［　3　］を高める行動を実行することが可能となる。［　4　］である負債が、企業の活性化のテコの役割を果たすことから、負債の利用による影響をテコの作用、または［　5　］効果ともいう。負債の利用割合を増やせば、ある程度までは［　6　］を増加させるが、その利用がある限度を超えると［　7　］の急増にともない、［　8　］は急落し、財務健全性が悪化することになる。

問題32　資金変動性分析の必要性

解答…P.108　理論　計算

流動性分析や健全性分析以外に資金変動性分析が必要とされる理由について、200字以内で説明しなさい。

問題 33 資金変動性分析における資金概念

解答…P.109 理論 計算

次の各文の［　　］の中に入る適当なものを下記の用語群の中から選び、その記号（ア～ソ）を所定の欄に記入しなさい。なお、同一の用語を２回以上用いてもよい。

（用語群）

ア．売上高	イ．営業利益	ウ．経常利益	エ．当期純利益
オ．現金	カ．有価証券	キ．買掛債務	ク．未成工事受入金
ケ．流動負債	コ．総資本	サ．正味運転資本	シ．資金運用表
ス．資金収支表	セ．キャッシュ・フロー計算書		ソ．経営政策

資金という概念はいろいろな意味で用いられる。資金繰り分析において使用される資金概念としては、［ 1 ］及びいつでも支払手段に利用可能な預金が用いられる。これよりも少し広い概念である［ 1 ］・預金プラス市場性のある一時所有の［ 2 ］は、［ 3 ］の規定する資金概念であり、また［ 1 ］及び現金同等物は、［ 4 ］における資金概念である。

このほかに、当座資産、正味当座資金、［ 5 ］などがある。このうち、［ 5 ］の概念は流動資産から［ 6 ］を控除したものであり［ 7 ］においてよく用いられる資金概念である。

問題34 資金運用表①

解答…P.110 理論 計算

次のA社の二期比較貸借対照表（要約）と下記の資料にもとづいて、第20期（当期）の正味運転資本型資金運用表を完成しなさい。

（単位：千円）

借　　方	第19期	第20期	貸　　方	第19期	第20期
流動資産			流動負債		
現金預金	49,518	56,892	支払手形	44,310	51,144
受取手形	10,926	11,544	工事未払金	31,458	38,298
完成工事未収入金	18,732	19,944	短期借入金	45,528	47,598
未成工事支出金	102,144	108,780	未成工事受入金	59,052	60,888
材料貯蔵品	2,388	2,490	その他流動負債	4,620	4,770
その他流動資産	5,670	5,772	流動負債計	(184,968)	(202,698)
流動資産計	(189,378)	(205,422)	固定負債		
固定資産			長期借入金	48,348	47,118
有形固定資産	49,362	50,046	退職給付引当金	2,700	2,904
投資その他の資産	32,718	33,204	固定負債計	(51,048)	(50,022)
固定資産計	(82,080)	(83,250)	株主資本		
			資本金	18,000	18,000
			利益準備金	2,400	2,640
			任意積立金	9,000	9,000
			繰越利益剰余金	6,042	6,312
			株主資本計	(35,442)	(35,952)
合　　計	271,458	288,672	合　　計	271,458	288,672

（資　料）

1．当期の損益計算に関するデータは次のとおりである。

(1)　減価償却費　1,770千円

(2)　退職給付費用　444千円

(3)　税引前当期純利益　6,030千円

法人税、住民税及び事業税　3,120千円

当期純利益　2,910千円

2．当期中の利益剰余金の処分に関する資料は次のとおりである。

利益準備金　240千円

株主配当金　2,400千円

問題35 資金運用表②

解答…P.113 理論 計算

ＴＫ社の二期比較貸借対照表と下記の資料にもとづいて、第30期の正味運転資本型資金運用表を完成しなさい。

（単位：百万円）

借　　方	第29期	第30期	貸　　方	第29期	第30期
流動資産			流動負債		
現金預金	23,430	26,556	支払手形	20,598	20,298
受取手形	4,962	3,834	工事未払金	14,334	16,080
完成工事未収入金	9,024	11,736	短期借入金	21,162	38,568
未成工事支出金	48,060	57,744	未成工事受入金	26,652	24,828
材料貯蔵品	1,062	750	その他の流動負債	3,570	4,008
その他の流動資産	2,754	2,298	流動負債計	(86,316)	(103,782)
流動資産計	(89,292)	(102,918)	固定負債		
固定資産			長期借入金	22,776	21,030
有形固定資産	23,556	23,826	退職給付引当金	1,278	1,416
投資その他の資産	15,486	17,820	固定負債計	(24,054)	(22,446)
固定資産計	(39,042)	(41,646)	株主資本		
			資本金	7,800	7,800
			利益準備金	1,170	1,248
			任意積立金	7,914	8,112
			繰越利益剰余金	1,080	1,176
			株主資本計	(17,964)	(18,336)
合　　計	128,334	144,564	合　　計	128,334	144,564

（資　料）

1．当期の損益計算に関するデータは次のとおりである。

⑴　有形固定資産の減価償却費は708百万円である。

⑵　退職給付費用は174百万円である。

⑶　税引前当期純利益は2,460百万円、法人税、住民税及び事業税は1,308百万円である。

2．当期中の利益剰余金の処分に関する資料は次のとおりである。

利益準備金	78百万円
任意積立金	198百万円
株主配当金	780百万円

問題36 資金運用表③

解答…P.115 理論 計算

ＴＪ社の二期比較貸借対照表と下記の資料にもとづいて、第10期の正味運転資本型資金運用表を完成しなさい。

（単位：百万円）

借　　方	第9期	第10期	貸　　方	第9期	第10期
流動資産			流動負債		
現金預金	119,574	135,180	支払手形	43,938	43,794
受取手形	25,308	19,494	工事未払金	73,062	82,098
完成工事未収入金	46,044	59,778	短期借入金	107,874	164,862
未成工事支出金	244,674	293,850	未成工事受入金	197,226	218,142
材料貯蔵品	5,526	3,834	その他の流動負債	18,090	20,628
その他の流動資産	14,112	11,736	流動負債計	（440,190）	（529,524）
流動資産計	（455,238）	（523,872）	固定負債		
固定資産			長期借入金	116,028	106,164
有形固定資産	120,276	121,554	退職給付引当金	6,462	7,362
投資その他の資産	66,258	79,746	固定負債計	（122,490）	（113,526）
固定資産計	（186,534）	（201,300）	株主資本		
繰延資産	12,600	11,100	資本金	45,000	45,000
			利益準備金	5,904	6,318
			任意積立金	29,376	30,204
			繰越利益剰余金	11,412	11,700
			株主資本計	（91,692）	（93,222）
合　　計	654,372	736,272	合　　計	654,372	736,272

（資　料）

1．当期の損益計算に関するデータは次のとおりである。

(1) 有形固定資産の減価償却費は3,672百万円である。

(2) 退職給付費用は900百万円である。

(3) 税引前当期純利益は12,510百万円、法人税、住民税及び事業税は6,840百万円である。

2．当期中の利益剰余金の処分に関する資料は次のとおりである。

(1) 利益準備金　　414百万円

(2) 任意積立金　　828百万円

(3) 株主配当金　4,140百万円

3．その他のデータ

(1)　法人税、住民税及び事業税の支払いは5,004百万円である。

(2)　受取勘定に対して貸倒引当金は設定していない。

(3)　投資その他の資産の増加分は、子会社への出資である。

第4章　活動性分析

問題 37　資本利益率の分解①

解答…P.117　理論　計算

次の文章の［　　］の中に入る適当なものを下記の用語群の中から選び、その記号（ア～ク）を所定の欄に記入しなさい。

（用語群）

ア．資本額　　イ．負債額　　ウ．利益額

エ．資本回転率　　オ．資本利益率　　カ．総資本営業利益率

キ．総資本経常利益率　　ク．総資本当期純利益率

財務分析における収益性の総合指標としては［ 1 ］があげられる。この指標は、一定期間における［ 2 ］とそれを得るために使用された［ 3 ］との比率である。［ 1 ］は資本の利用度を表す［ 4 ］と完成工事高利益率に分解される。どのような［ 1 ］を用いるかは、分析の目的をどこにおくかにより決まってくる。企業本来の営業効率を総合的に知るという視点からは［ 5 ］が、また財務活動を含む企業の経常的な収益力を知るためには［ 6 ］が用いられる。

問題38　自己資本利益率の分解

解答…P.118　理論　計算

次の文章の[　　　]の中に入る適当なものを下記の用語群の中から選び、その記号（ア～セ）を所定の欄に記入しなさい。

（用語群）

ア．株主	イ．経営者	ウ．債権者
エ．成果	オ．高い	カ．低い
キ．経営資本利益率	ク．自己資本利益率	ケ．自己資本回転率
コ．総資本回転率	サ．営業利益	シ．経常利益
ス．当期純利益	セ．総資本利益率	

[　1　]とは、自己資本と利益との比率である。この比率は[　2　]に対する企業の貢献度を表すものといえる。

この場合、分子の利益としては[　3　]を用いることが適切である。なぜならば、[　3　]こそが自己資本に対する[　4　]を示しているからである。

[　1　]は、[　5　]と完成工事高利益率に分解されるが、この[　5　]は、自己資本比率の大小により影響を受ける。具体的には自己資本比率が高い企業ほど[　1　]は[　6　]という関係になる。

問題39　資本利益率の分解②

解答…P.118 理論　計算

次の文章の［　　］の中に入る適当なものを下記の用語群の中から選び、その記号（ア～サ）を所定の欄に記入しなさい。

（用語群）

ア．期首在高	イ．期末在高	ウ．平均在高	エ．利益額
オ．取引採算性	カ．資本活動性	キ．効率的	ク．非効率的
ケ．完成工事高利益率	コ．資本利益率	サ．資本回転率	

収益性についての総合的な指標である資本利益率は、さまざまな要因により影響を受ける。その要因を分析するためには資本利益率を分解する必要がある。

資本利益率を分解すると［1］と［2］の積として表すことができる。

ここに［1］とは、資本の利用度を表した比率である。なお、ここでの資本については、その期間の［3］が用いられるべきである。この［1］が高いということは、資本が［4］に利用されていることを意味し、その分［5］も高くなる。

［2］は、［6］を具体的に示す指標といえる。この比率が高まれば［5］も高くなる。

問題40 資本回転率の種類

解答…P.119 理論 計算

次の文章の[　　]の中に入る適当なものを下記の用語群の中から選び、その記号（ア～チ）を所定の欄に記入しなさい。

（用語群）

ア．期首在高	イ．期末在高	ウ．平均在高
エ．完成工事高	オ．完成工事総利益	カ．営業利益
キ．総資本	ク．経営資本	ケ．自己資本
コ．企業全体	サ．総合的	シ．部分的
ス．部門ごと	セ．地域ごと	ソ．総資本回転率
タ．経営資本回転率	チ．自己資本回転率	

資本回転率は、資本在高に対する[1]の比率であり、資本の循環活動を表す指標である。回転率は一般に年率で計算されるため、分子には年間の[1]が、また、分母には年間の資本の[2]が用いられる。

資本回転率は分母の資本としてどのようなものを用いるかにより、数種類のものがある。[3]は総資本に対する[1]の比率であり、[4]の資本運用の[5]な指標である。[6]は、[7]に対する[1]の比率であり、企業の活動性を示す指標である。

問題41　回転率と回転期間　解答…P.120　理論　計算

次の資料にもとづいて、(1)総資本回転率、(2)固定資産回転率、(3)棚卸資産回転率、(4)受取勘定回転期間、(5)支払勘定回転期間を計算しなさい。なお、期中平均値を使用すべき場合であっても期末の数値を用いて計算すること。また、解答にあたり端数が生じた場合には、四捨五入し小数点以下第２位まで求めること。

（資　料）

貸借対照表

（単位：千円）

資産の部		負債の部	
Ⅰ　流動資産		Ⅰ　流動負債	
現金預金	18,000	支払手形	13,800
受取手形	7,800	工事未払金	30,000
完成工事未収入金	43,800	短期借入金	51,000
有価証券	7,200	未成工事受入金	51,600
未成工事支出金	91,800	その他の流動負債	14,400
材料貯蔵品	1,800	〔流動負債計〕	160,800
その他の流動資産	1,500	Ⅱ　固定負債	
貸倒引当金	△300	長期借入金	4,200
〔流動資産計〕	171,600	退職給付引当金	2,700
Ⅱ　固定資産		その他の固定負債	2,100
償却対象資産	30,000	〔固定負債計〕	9,000
土地	2,400	負債合計	169,800
建設仮勘定	1,200	純資産の部	
その他の固定資産	1,500	Ⅰ　株主資本	
減価償却累計額	△12,300	資本金	6,000
〔固定資産計〕	22,800	資本剰余金	4,800
		利益剰余金	13,800
		〔株主資本計〕	24,600
		純資産合計	24,600
資産合計	194,400	負債・純資産合計	194,400

（その他の資料）

完成工事高　180,000千円

問題 42　回転率と回転期間とその原因分析

解答…P.121　理論　計算

次のT社の資料にもとづいて、下記の文章の［　　］の中に入る適当なものを下記の用語群の中から選び、その記号（ア～ク）を所定の欄に記入しなさい（記号は複数回使用してもよい）。なお、各回転率、回転期間の計算においては、期末のデータを用いること。

（資　料）

（単位：千円）

	第20期のデータ	第21期のデータ
完成工事高	180,000	192,000
総資本	468,000	528,000
受取勘定在高	60,000	51,000
未成工事支出金在高	36,000	47,400
支払勘定在高	10,800	12,000
固定資産在高	39,000	40,800

T社の総資本回転率は、第20期よりも第21期の方が［　1　］なっている。その理由を総資本（総資産）を構成する各資産の回転率を求めることにより分析していこう。

第20期と第21期を比較した場合、固定資産回転期間は第［　2　］期の方が長く、支払勘定回転期間は第［　3　］期の方が短くなっている。また、受取勘定回転率は第［　4　］期の方が低く、未成工事支出金回転率は第［　5　］期の方が低くなっている。

以上のことから総資本回転率が［　1　］なった原因は、その構成要素の一つである［　6　］が低下したためと考えられる。

（用語群）

ア．高く　　イ．低く　　ウ．20

エ．21　　オ．未成工事支出金回転率　　カ．受取勘定回転率

キ．固定資産回転期間　　ク．支払勘定回転期間

問題43　資産回転率の算定

解答…P.122　理論　計算

次のＴＣ社の15期の資料にもとづいて、各部門およびＴＣ社全体の受取勘定回転期間を計算しなさい。解答にあたり、端数が生じた場合には、小数点以下第２位を四捨五入し、第１位まで求めること。

（資　料）

（単位：千円）

部　門	受取勘定在高	完成工事高
Ａ部門	420,000	840,000
Ｂ部門	180,000	600,000
Ｃ部門	288,000	720,000

問題44　推定問題①（活動性分析）

解答…P.123　理論　計算

ＴＡ社の第10期の総資本営業利益率、総資本回転率および経営資本回転率の値は次のとおりである。

総資本営業利益率　4.0%
総資本回転率　1.25回
経営資本回転率　1.3回

このとき、完成工事高営業利益率と経営資本営業利益率の値を推定しなさい。なお、端数が生じる場合には四捨五入し、小数点以下第１位まで求めること。

第５章　生産性分析

問題 45　労働生産性

解答…P.124　理論　計算

次の文章の[　　]の中に入る適当なものを下記の用語群の中から選び、その記号（ア～ク）を所定の欄に記入しなさい。

(用語群)

ア．労働生産性	イ．労働装備率
ウ．付加価値率	エ．人的効率
オ．付加価値	カ．有形固定資産回転率
キ．職員１人あたり完成工事高	ク．職員１人あたり総資本

[1]は、企業の生産性を検討する場合において最も基本となる指標であり、[2]を総職員数で除することにより求められる。このことから、[1]は企業の[3]の程度を示すものであることがわかる。

企業の生産性について、より詳細な分析を行うためには[1]を分解する必要がある。[1]は、完成工事高を介することにより[4]と職員１人あたり完成工事高の積に分解できる。また、有形固定資産を介することにより[5]と設備投資効率に分解できる。

以上の分析をもとに、いかにしたら生産性を向上させることができるかを検討することが可能となる。

問題46 生産性を高める要因

解答…P.124 理論 計算

次の文章の[　　]の中に入る適当なものを下記の用語群の中から選び、その記号（ア～シ）を所定の欄に記入しなさい。

（用語群）

ア．流動資産	イ．有形固定資産	ウ．完成工事高	エ．兼業売上高
オ．付加価値	カ．総職員数	キ．事務職員	ク．操業度
ケ．労働装備率	コ．設備投資効率	サ．有形固定資産回転率	シ．付加価値率

企業の生産性を高める要因について考えてみよう。

そのためには、まず労働生産性を[　1　]、[　2　]、[　3　]に分解すると考えやすい。[　1　]は職員1人あたり有形固定資産を表し、[　2　]は有形固定資産の利用度を表す指標である。そして、[　3　]は企業の加工度の程度を表すものといえる。生産性を高めるには、労働生産性、つまり[　1　]、[　2　]、[　3　]を高めればよいことがわかる。

このことから生産性を高めるためには、[　4　]の減少、[　5　]の増加をはかり、労働装備率を上昇させることがあげられる。次に[　3　]を高めることも生産性を高めることになる。このためには経費の削減をはかったり、販売価格を引き上げたりする必要がある。そして、[　6　]の増加をはかることも生産性の向上のためには重要である。[　6　]の増加は、通常、利益を高め収益を良好にするだけではなく、付加価値をも増加させるため、生産性を高める最大の要因といえる。これにより[　2　]と[　3　]の積が上昇し、労働生産性が高まることになる。

問題47 労働生産性の分解①

解答…P.125 理論 計算

次の資料にもとづいて、以下の文章の（　　　）の中に入れるべき数値または記号を所定の欄に記入しなさい。

なお、解答の数値は、百万円未満を四捨五入し、パーセントは小数点第1位まで求め、それ未満は四捨五入すること。

（資　料）

	A　社	B　社
完成工事高	75,360百万円	135,414百万円
付加価値	40,188百万円	71,940百万円
有形固定資産	81,336百万円	141,348百万円
総職員数	330人	720人

(1) 両者の労働生産性を算出すれば、A社122百万円、B社（　①　）百万円となるので、A社はB社に比し、生産性が（②a．高い　b．低い）。

(2) その要因として職員1人あたり完成工事高はA社228百万円、B社（　③　）百万円、付加価値率はA社53.3%、B社（　④　）%、労働装備率はA社246百万円、B社（　⑤　）百万円で、A社がB社よりも労働生産性が（⑥a．高い　b．低い）のは、職員1人あたり完成工事高および労働装備率が（⑦a．高い　b．低い）ためである。

問題48 生産性分析に関する諸比率

解答…P.126 理論 計算

次の資料にもとづいて、第20期の以下の諸比率を計算しなさい。なお、比率の計算にあたり期中平均値を使用するのが妥当なものはそれを用いること。また、端数が生じた場合には、四捨五入し小数点以下第1位まで求めなさい。

(1) 職員1人あたり完成工事高　　(2) 労働生産性
(3) 資本集約度　　(4) 労働装備率
(5) 設備投資効率

（資　料）

貸借対照表

（単位：千円）

	第19期	第20期		第19期	第20期
資産の部			負債の部		
Ⅰ 流動資産			Ⅰ 流動負債		
現金預金	10,440	12,600	支払手形	10,920	10,320
受取手形	4,320	4,470	工事未払金	25,380	35,880
完成工事未収入金	45,000	53,670	短期借入金	21,480	27,000
有価証券	9,780	10,800	未成工事受入金	48,720	49,200
未成工事支出金	95,040	104,400	その他の流動負債	5,880	7,680
その他の流動資産	1,950	2,940	流動負債合計	112,380	130,080
貸倒引当金	△150	△180	Ⅱ 固定負債		
流動資産合計	166,380	188,700	社債	3,900	2,520
Ⅱ 固定資産			長期借入金	7,380	9,600
1．有形固定資産			退職給付引当金	4,800	4,920
建物・構築物	2,520	2,550	その他の固定負債	3,060	2,520
機械・運搬具	3,120	3,090	固定負債合計	19,140	19,560
工具・器具・備品	660	780	負債合計	131,520	149,640
土地	4,140	4,140	純資産の部		
有形固定資産合計	10,440	10,560	Ⅰ 株主資本		
2．無形固定資産	180	240	1．資本金	18,000	18,000
3．投資その他の資産	2,880	4,440	2．資本剰余金		
固定資産合計	13,500	15,240	(1) 資本準備金	4,800	4,800
Ⅲ 繰延資産	120	60	資本剰余金合計	4,800	4,800
			3．利益剰余金		
			(1) 利益準備金	2,280	2,280
			(2) その他利益剰余金		
			任意積立金	9,000	9,300
			繰越利益剰余金	14,400	19,980
			利益剰余金合計	25,680	31,560
			株主資本合計	48,480	54,360
			純資産合計	48,480	54,360
資産合計	180,000	204,000	負債・純資産合計	180,000	204,000

損益計算書

(単位：千円)

	第19期	第20期
I 完成工事高	228,000	252,000
II 完成工事原価	189,000	204,000
完成工事総利益	39,000	48,000
III 販売費及び一般管理費	18,900	19,500
営業利益	20,100	28,500
IV 営業外収益	1,200	1,260
V 営業外費用	3,300	3,180
税引前当期純利益	18,000	26,580
法人税、住民税及び事業税	3,900	7,800
当期純利益	14,100	18,780

完成工事原価報告書

(単位：千円)

	第19期	第20期
I 材料費	60,000	64,800
II 労務費	24,600	30,300
(うち、労務外注費)	(12,600)	(18,300)
III 外注費	70,800	72,180
IV 経費	33,600	36,720
完成工事原価	189,000	204,000

	第19期	第20期
期末総職員数	3,840人	3,960人

MEMO

問題49 労働生産性の分解②

解答…P.127 理論 計算

次の資料にもとづいて、以下の文章の［　　］に入る適当なものを所定の欄に記入しなさい。なお、解答の数値は百万円未満を四捨五入し、%は小数点以下第1位まで求め、それ未満は四捨五入すること。

両社の付加価値を控除法により求めてみると、A社は462,390百万円、B社は［ 1 ］百万円と計算される。

この付加価値をもとに両社の労働生産性を計算すると、A社は［ 2 ］百万円、B社は［ 3 ］百万円となる。両社の差異の原因を調べるために、その構成要因である、職員1人あたり完成工事高と［ 4 ］あるいは［ 5 ］と［ 6 ］に分解する。

職員1人あたり完成工事高はA社が［ 7 ］百万円、B社が39百万円、［ 4 ］はA社が［ 8 ］%、B社が56.5%、［ 5 ］はA社が［ 9 ］百万円、B社が26百万円、［ 6 ］はA社が［ 10 ］%、B社が82.3%となっている。

以上のことから、両社の生産性に差が生じている原因は、B社は設備投資を積極的に行い、職員1人あたり完成工事高を増やし、かつ完成工事高に占める付加価値を高めていることによる。

（資料1）要約損益計算書

（単位：百万円）

	A社	B社
完成工事高	1,352,730	924,762
完成工事原価	1,140,936	723,708
完成工事総利益	211,794	201,054
販売費及び一般管理費	161,628	131,940
営業利益	50,166	69,114
営業外収益	1,644	7,998
営業外費用	22,788	42,930
経常利益	29,022	34,182
特別利益	936	1,368
特別損失	1,968	1,986
税引前当期純利益	27,990	33,564
法人税、住民税及び事業税	12,600	15,360
当期純利益	15,390	18,204

（資料２）完成工事原価の内訳

（単位：百万円）

	A　　社	B　　社
材　　料　　費	480,288	261,942
労　　務　　費 (うち、労務外注費)	282,672 (　264,672)	106,434 (　88,434)
外　　注　　費	145,380	51,810
経　　　　　費	232,596	303,522
完 成 工 事 原 価	1,140,936	723,708

（資料３）

	A　　社	B　　社
有形固定資産	277,440百万円	635,130百万円
総 職 員 数	57,000人	24,000人

問題50　労働生産性の分解③

解答…P.128　理論　計算

労働生産性は職員１人あたり付加価値額であり、生産性を検討する比率の中で最も基本となる指標である。この労働生産性には次のように、いくつかの分解の方法がある。

労働生産性＝付加価値率×職員１人あたり完成工事高

労働生産性＝労働装備率×設備投資効率

Ｔ社の次の資料にもとづいて、これらの各要素の値を計算しなさい。なお、解答に際しては、指定のとおり計算し記入すること。

（資　料）

１．第10期の完成工事原価報告書

完成工事原価報告書	（単位：千円）
１．材　　料　　費	15,669,048
２．労　　務　　費	14,677,470
（うち、労務外注費）	（　　8,677,470）
３．外　　注　　費	31,292,880
４．経　　　　　費	8,170,602
合　　計	69,810,000

２．第10期のその他のデータ

完　成　工　事　高	74,718,000千円
販売費及び一般管理費	6,409,350千円
営　業　外　収　益	635,880千円
営　業　外　費　用	2,360,430千円
（うち、支払利息　1,957,770千円）	
期中平均有形固定資産額	5,250,000千円
期　中　平　均　職　員　数	1,170人

第6章　成長性分析

問題51　代表的な増減率

解答…P.129　理論　計算

次の文章の[　　　]の中に入る適当なものを下記の用語群の中から選び、その記号（ア～カ）を所定の欄に記入しなさい。

（用語群）

ア．完成工事高増減率　　イ．経常利益増減率
ウ．当期純利益増減率　　エ．自己資本増減率
オ．総資本増減率　　　　カ．付加価値増減率

企業の成長性分析とは、企業がどの程度成長しているか、その成長の要因は何であるかを分析することである。成長性分析は、分析対象を何におくかによっていくつかの指標があげられる。その1つは[　1　]の分析である。これは成長性の指標として最も代表的なものであり、利益の成長性を支える点でも重要視される。

[　2　]の分析も重要である。この比率は特別損益を含まない企業の通常の期間利益の増加率であり、企業の利益成長の重要な指標といえる。

また、[　3　]もあげられ、これは企業規模の拡大を意味するものである。企業がその規模を拡大しつつ、資本コストや減価償却費などを十分にまかなえる利益を確保していれば、企業は確実な成長を続けることができる。

このほかにも、生産性の指標と関連する[　4　]、利益の内部留保や増資と関連する[　5　]などが成長性の指標としてあげられる。

問題52 増減率の選択

解答…P.130 理論 計算

次の文章の　　　　の中に入る適当なものを下記の用語群の中から選び、その記号（ア～カ）を所定の欄に記入しなさい。なお、同一の用語は２回以上用いてはならない。

（用語群）

ア．経営政策　　イ．完成工事高　　ウ．営業利益　　エ．営業外収益

オ．経常利益　　カ．当期純利益

企業の成長性を把握する指標のうち、最も活用されるものが［ 1 ］増減率である。［ 1 ］は、企業のスケールを示す指標であり、付加価値などの源泉を示すものであるから、企業成長の具体的指標といえる。しかし、企業の［ 2 ］の是非を論ずる場合には、企業の経常的、正常的な活動の成果である［ 3 ］の動向に注目することが大切である。よって、成長性分析においては、［ 1 ］増減率よりも、［ 3 ］増減率の方が適切な指標といえる。

問題53 成長性分析に関する諸比率の算定

解答…P.131 理論 計算

次の資料にもとづいて、第10期の諸比率を計算しなさい。なお、解答にあたり端数が生じた場合には％表示で小数点以下第２位を四捨五入し、小数点以下第１位まで求めること。

⑴　完成工事高増減率
⑵　経常利益増減率
⑶　総資本増減率
⑷　付加価値増減率（付加価値の計算は控除法による）
⑸　自己資本増減率

（資　料）

貸　借　対　照　表

（単位：千円）

	第9期	第10期		第9期	第10期
資　産　の　部			負　債　の　部		
Ⅰ　流動資産			Ⅰ　流動負債		
現金預金	10,410	11,928	支払手形	10,788	9,810
受取手形	4,380	3,690	工事未払金	24,552	35,904
完成工事未収入金	46,320	53,052	短期借入金	21,618	23,256
有価証券	10,698	12,690	未成工事受入金	70,404	84,588
未成工事支出金	88,290	104,526	その他流動負債	5,922	6,912
その他流動資産	6,192	6,204	流動負債合計	133,284	160,470
貸倒引当金	△156	△192	Ⅱ　固定負債		
流動資産合計	166,134	191,898	社　　債	3,810	2,292
Ⅱ　固定資産			長期借入金	6,552	6,276
1．有形固定資産			退職給付引当金	4,920	4,818
建物・構築物	2,580	2,670	その他の固定負債	480	408
機械・運搬具	3,198	3,468	固定負債合計	15,762	13,794
工具・器具・備品	648	720	負債合計	149,046	174,264
土　　地	4,092	4,092	純資産の部		
有形固定資産計	10,518	10,950	Ⅰ　株主資本		
2．無形固定資産	228	258	1．資　本　金	10,800	10,800
3．投資その他の資産	2,880	4,392	2．資本剰余金		
固定資産合計	13,626	15,600	(1)　資本準備金	4,890	4,890
Ⅲ　繰延資産	78	132	資本剰余金計	4,890	4,890
			3．利益剰余金		
			(1)　利益準備金	2,280	2,280
			(2)　その他利益剰余金		
			任意積立金	11,952	13,530
			繰越利益剰余金	870	1,866
			利益剰余金計	15,102	17,676
			株主資本合計	30,792	33,366
			純資産合計	30,792	33,366
資産合計	179,838	207,630	負債・純資産合計	179,838	207,630

損益計算書

		(単位：千円)
	第9期	第10期
I 完成工事高	210,000	249,000
II 完成工事原価	190,920	225,840
完成工事総利益	19,080	23,160
III 販売費及び一般管理費	17,550	19,080
営業利益	1,530	4,080
IV 営業外収益	1,050	1,110
V 営業外費用	1,860	2,652
税引前当期純利益	720	2,538
法人税、住民税及び事業税	402	1,344
当期純利益	318	1,194

完成工事原価報告書

		(単位：千円)
	第9期	第10期
I 材料費	64,470	78,024
II 労務費	12,672	14,928
(うち、労務外注費)	(11,700)	(12,180)
III 外注費	100,470	119,004
IV 経費	13,308	13,884
完成工事原価	190,920	225,840

	第9期	第10期
期末総職員数	3,900人	4,128人

第７章　財務分析の基本的手法

問題 54　実数分析①　解答…P.132　理論　計算

財務分析の手法としての「実数分析」について次の各問に答えなさい。

〔問１〕実数分析とはどのようなものであるか。100字以内で説明しなさい。

〔問２〕実数分析の限界について150字以内で説明しなさい。

〔問３〕実数分析の具体的内容を列挙し、250字以内で説明しなさい。

問題 55　比率分析（比率法）　解答…P.133　理論　計算

比率分析（比率法）の手法について次の各問に答えなさい。

〔問１〕比率分析（比率法）の意義について80字以内で説明しなさい。

〔問２〕比率分析（比率法）にはどのようなものがあるか、具体的な方法を３つ挙げ、220字以内で説明しなさい。

〔問３〕比率分析（比率法）にはどのような長所と短所があるか。120字以内で説明しなさい。

問題 56　関係比率分析　解答…P.134　理論　計算

財務分析の手法としての「関係比率分析」について次の各問に答えなさい。

〔問１〕関係比率分析の意義について80字以内で説明しなさい。

〔問２〕関係比率分析にはどのような長所と短所があるか。150字以内で説明しなさい。

問題 57　構成比率分析　解答…P.135　理論　計算

比率分析の１つである「構成比率分析」について次の各問に答えなさい。

〔問１〕構成比率分析の内容を80字以内で説明しなさい。

〔問２〕構成比率分析の適用例と、その長所を200字以内で説明しなさい。

問題 58　趨勢比率分析

解答…P.136　理論　計算

財務分析手法の１つである「趨勢比率分析」について次の各問に答えなさい。

〔問１〕趨勢比率分析の内容を160字以内で説明しなさい。

〔問２〕趨勢比率分析にはどのような長所と短所があるか。160字以内で説明しなさい。

問題 59　貸借対照表の分析

解答…P.137　理論　計算

財務諸表分析のうち、貸借対照表の分析についてその種類と内容を簡潔に説明しなさい。なお、解答は400字以内で書きなさい。

問題 60　実数分析②

解答…P.138　理論　計算

損益計算書における実数分析について説明しなさい。なお、解答は250字以内で書きなさい。

問題 61　キャッシュ・フロー計算書の分析①

解答…P.139　理論　計算

キャッシュ・フロー計算書の構成比率分析について次の各問に答えなさい。

〔問１〕この分析方法を適用した計算書名を答えなさい。

〔問２〕問１で答えた計算書の意義を80字以内で説明しなさい。

〔問３〕問１で答えた計算書の有効性について80字以内で説明しなさい。

MEMO

問題62 キャッシュ・フロー計算書の分析② 解答…P.140 理論 計算

次の資料にもとづいて、以下の問いに答えなさい。

（資　料）

キャッシュ・フロー計算書

自×5年4月1日　至×6年3月31日　（単位：千円）

	T　社	S　社
営業活動によるキャッシュ・フロー		
営業活動による収入	114,000	235,200
営業活動による支出	−84,000	−205,200
営業活動によるキャッシュ・フロー	30,000	30,000
投資活動によるキャッシュ・フロー		
投資活動による収入	7,500	23,100
投資活動による支出	−54,300	−78,300
投資活動によるキャッシュ・フロー	−46,800	−55,200
財務活動によるキャッシュ・フロー		
財務活動による収入	30,600	69,600
財務活動による支出	−7,800	−38,400
財務活動によるキャッシュ・フロー	22,800	31,200
現金及び現金同等物に係る換算差額	4,200	9,000
現金及び現金同等物の増加額	10,200	15,000
現金及び現金同等物期首残高	34,800	51,000
現金及び現金同等物期末残高	45,000	66,000

〔問１〕

Ｔ社とＳ社の百分率キャッシュ・フロー計算書を作成しなさい。なお、解答にあたり端数が生じた場合には、小数点第３位を四捨五入し、第２位まで求めること。

〔問２〕

次の文章の□の中に入る適当なものを下記の用語群の中から選び、その記号（ア～コ）を所定の欄に記入しなさい。なお、同一の記号は複数回用いてもよい。

（用語群）

ア．1.18　イ．1.75　ウ．2.06　エ．営業活動　オ．投資活動
カ．財務活動　キ．Ｓ　ク．Ｔ　ケ．資金調達　コ．資金運用

T社とS社の百分率キャッシュ・フロー計算書を比較してみよう。企業規模は[1]社の方が大きいが営業活動によるキャッシュ・フローの割合は[2]社の方が[3]倍程度大きくなっている。また、投資活動によるキャッシュ・フローの割合は[4]社の方が大きく、約[5]倍の大きさである。

これらのことから[6]社は本業である[7]によるキャッシュ・フローの面で[8]社より優れているが、[9]社は将来のキャッシュ・フローの獲得を意図した[10]が[11]社より積極的であるといえるため、[12]社のほうがより多くの[13]を行っていることが分かる。

第８章　総合評価の手法

問題63　指数法による総合評価①

解答…P.141　理論　計算

財務分析の手法の１つに総合評価法がある。この方法のうち「指数法」について次の各問に答えなさい。

〔問１〕指数法とはどのような方法であるか80字以内で説明しなさい。

〔問２〕指数法の長所と短所を150字以内で説明しなさい。

問題64　総合評価の必要性

解答…P.141　理論　計算

企業の財務分析には、総合評価の方法がある。この総合評価について次の各問に答えなさい。

〔問１〕内部分析における総合評価の必要性について120字以内で説明しなさい。

〔問２〕外部分析における総合評価の必要性について150字以内で説明しなさい。

問題65 指数法による総合評価②

解答…P.142 理論 計算

ＫＫ株式会社の第30期の要約財務諸表および関連データは次の資料のとおりである。この資料にもとづいて、指数法による総合評価を行いなさい。

なお、解答は表を埋めることにより求め、また、複数の計算が存在する比率は建設業特有のものを用いること。

（資　料）

貸借対照表

（単位：百万円）

資産の部		負債の部	
Ⅰ 流動資産		Ⅰ 流動負債	
現金預金	6,720	支払手形	5,532
受取手形	6,096	工事未払金	9,156
完成工事未収入金	16,812	短期借入金	13,530
有価証券	3,468	未成工事受入金	11,100
未成工事支出金	12,000	その他の流動負債	2,682
材料貯蔵品	90	〔流動負債計〕	〔42,000〕
その他の流動資産	552	Ⅱ 固定負債	
貸倒引当金	△78	長期借入金	7,614
〔流動資産計〕	〔45,660〕	退職給付引当金	3,024
Ⅱ 固定資産		その他の固定負債	1,962
償却対象資産	17,418	〔固定負債計〕	〔12,600〕
土地	1,920	負債合計	54,600
建設仮勘定	234	純資産の部	
その他の固定資産	1,368	Ⅰ 株主資本	
減価償却累計額	△6,000	資本金	1,800
〔固定資産計〕	〔14,940〕	資本剰余金	954
		利益剰余金	3,246
		〔株主資本計〕	〔6,000〕
		純資産合計	6,000
資産合計	60,600	負債・純資産合計	60,600

損益計算書

	(単位：百万円)
Ⅰ 完成工事高	81,000
Ⅱ 完成工事原価	66,138
完成工事総利益	14,862
Ⅲ 販売費及び一般管理費	12,066
営業利益	2,796
Ⅳ 営業外収益	618
Ⅴ 営業外費用	1,344
経常利益	2,070
Ⅵ 特別利益	306
Ⅶ 特別損失	372
税引前当期純利益	2,004
法人税、住民税及び事業税	1,098
当期純利益	906

完成工事原価報告書

	(単位：百万円)
Ⅰ 材料費	19,548
Ⅱ 労務費	6,618
(うち、労務外注費)	(5,466)
Ⅲ 外注費	34,926
Ⅳ 経費	5,046
完成工事原価	66,138

期中平均職員数

技術職員	618人
事務職員	252人
	870人

問題 66 経営事項審査

解答…P.143 理論 計算

建設業の指標である経営事項審査の審査項目のうち、経営状況（Y）には純支払利息比率、負債回転期間が挙げられるが、それぞれについて説明しなさい（200字以内）。

第9章　総合問題編

問題67　推定問題②（収益性分析）

解答…P.144 理論　計算

次の表の空欄（ア～ウ）の中に入る適当な数値を計算し、所定の欄に記入しなさい。

総資本	（　ア　）百万円
固定資産	3,300 百万円
流動負債	10,140 百万円
固定負債	3,060 百万円
資本金	600 百万円
完成工事高	（　イ　）百万円
完成工事原価	33,333 百万円
販売費及び一般管理費	（　ウ　）百万円
営業利益	867 百万円
営業外収益	750 百万円
営業外費用	1,050 百万円
総資本経常利益率	3.78 %
完成工事高経常利益率	1.5 %

（注）繰延資産はない。

問題68　諸比率の算定と財務健全性

解答…P.145 理論　計算

ＴＣ株式会社の第50期の要約財務諸表および関連データは次のとおりである。次の各問に解答しなさい。

〔問１〕

下記の諸比率を算定しなさい。解答に際しての端数処理については解答欄の指示に従うこと。

A．経営資本営業利益率　B．完成工事高総利益率　C．総資本回転率
D．当座比率　E．固定比率　F．固定長期適合比率
G．設備投資効率　H．職員1人あたり付加価値　I．運転資本保有月数
J．借入金依存度　K．営業キャッシュ・フロー対負債比率
L．完成工事高キャッシュ・フロー率

貸借対照表

（単位：百万円）

資産の部		負債の部	
Ⅰ 流動資産		Ⅰ 流動負債	
現金預金	19,272	支払手形	14,532
受取手形	8,136	工事未払金	29,526
完成工事未収入金	43,458	短期借入金	50,790
有価証券	7,326	未成工事受入金	52,404
未成工事支出金	91,932	その他の流動負債	13,134
材料貯蔵品	624	〔流動負債計〕	〔160,386〕
その他の流動資産	1,728	Ⅱ 固定負債	
貸倒引当金	△ 486	長期借入金	12,366
〔流動資産計〕	〔171,990〕	その他の固定負債	1,632
Ⅱ 固定資産		〔固定負債計〕	〔13,998〕
償却有形固定資産	31,068	負債合計	174,384
土地	2,238	純資産の部	
建設仮勘定	1,152	Ⅰ 株主資本	
その他の有形固定資産	246	資本金	7,200
減価償却累計額	△ 11,520	資本剰余金	8,520
〔固定資産計〕	〔23,184〕	利益剰余金	5,070
		〔株主資本計〕	〔20,790〕
		純資産合計	20,790
資産合計	195,174	負債・純資産合計	195,174

損益計算書

（単位：百万円）

Ⅰ	完成工事高		192,072
Ⅱ	完成工事原価		167,460
	完成工事総利益		24,612
Ⅲ	販売費及び一般管理費		19,260
	営業利益		5,352
Ⅳ	営業外収益		1,338
Ⅴ	営業外費用		4,806
	経常利益		1,884
Ⅵ	特別利益		198
Ⅶ	特別損失		384
	税引前当期純利益		1,698
	法人税、住民税及び事業税	558	
	法人税等調整額	120	678
	当期純利益		1,020

（注）当期の減価償却実施額は7,200百万円であった。
前期末からの引当金の増減額は1,800百万円の増加であった。
当期中の利益剰余金による株主配当金は420百万円であった。
キャッシュ・フロー計算書の「営業活動によるキャッシュ・フロー」の金額は5,760百万円であった。

完成工事原価報告書

（単位：百万円）

Ⅰ	材料費	44,040
Ⅱ	労務費	30,228
	（うち、労務外注費）	（ 25,332 ）
Ⅲ	外注費	78,072
Ⅳ	経費	15,120
	完成工事原価	167,460

期中平均職員数

技術職員	2,328人
事務職員	1,032人
	3,360人

〔問２〕

次の文章の［　　　］の中に入る適当なものを下記の用語群の中から選び、その記号（ア～シ）を所定の欄に記入しなさい。なお、同一の記号を２回以上使用してはならない。

（用語群）

ア．100	イ．111.52	ウ．112.32	エ．150
オ．200	カ．流動負債	キ．固定負債	ク．流動比率
ケ．負債比率	コ．当座比率	サ．固定比率	シ．固定長期適合比率

［　1　］は、固定資産が返済を要しない自己資本でどの程度まかなわれているかをみる指標であり、［　2　］％以下であることが望ましい。ＴＣ株式会社の第50期をみると、［　1　］は［　3　］％であり、［　2　］％を上回っている。このことが、ＴＣ株式会社の財務構造に問題があることを表しているかというと、必ずしもそうとはいえない。固定資産は、返済を要しないもの、または長期間返済を要しないものでまかなわれていればよい。これをみる比率が［　4　］である。［　4　］は固定資産が自己資本と［　5　］によって、どの程度まかなわれているかをみる比率である。ＴＣ株式会社では、［　2　］％を下回っている。このことは、固定資産が返済を要しないもの、および比較的長期間返済を要しないものでまかなわれていることを表し、この点からは財務構造に問題がないといえる。

問題69 諸比率の算定と生産性

解答…P.148 理論 計算

ＴＴ社の別添資料（第24期および第25期財務諸表）にもとづいて、次の各問に答えなさい。

〔問１〕

第25期について、次の諸比率を算定しなさい。解答に際しての端数処理については、解答欄の指定のとおりとする。なお、期中平均値を使用することが望ましい数値については、そのような処置をすること。

Ａ．総資本経常利益率　　Ｂ．総資本回転率
Ｃ．流動比率　　Ｄ．固定比率
Ｅ．完成工事高総利益率　　Ｆ．運転資本保有月数
Ｇ．設備投資効率　　Ｈ．付加価値率
Ｉ．職員１人あたり完成工事高　　Ｊ．必要運転資金滞留月数
Ｋ．有利子負債月商倍率

（別添資料）

貸　借　対　照　表

ＴＴ社　　　　　　　　　　　　　　　　　　　　　　　　　　　　　（単位：百万円）

	第24期 3.31	第25期 3.31
資　産　の　部		
Ⅰ　流　動　資　産		
現　金　預　金	4,092	3,726
受　取　手　形	1,266	1,554
完成工事未収入金	18,534	16,278
有　価　証　券	4,404	3,702
未成工事支出金	35,982	30,798
その他の流動資産	2,100	2,130
貸　倒　引　当　金	△60	△48
流動資産合計	66,318	58,140
Ⅱ　固　定　資　産		
1．有形固定資産		
建物・構築物	948	900
機械・運搬具	1,212	1,098
工具・器具・備品	240	204
土　　　　地	1,374	1,374
有形固定資産合計	3,774	3,576
2．無形固定資産	84	84
3．投資その他の資産	1,518	1,068
固定資産合計	5,376	4,728
Ⅲ　繰　延　資　産	36	30
資　産　合　計	71,730	62,898

	第24期 3.31	第25期 3.31
負　債　の　部		
Ⅰ　流　動　負　債		
支　払　手　形	3,408	3,768
工事未払金	12,492	8,562
短期借入金	8,046	7,734
未成工事受入金	29,580	24,672
その他の流動負債	2,346	1,536
流動負債合計	55,872	46,272
Ⅱ　固　定　負　債		
社　　　　債	756	1,284
長期借入金	2,208	2,178
退職給付引当金	1,398	1,770
その他の固定負債	150	168
固定負債合計	4,512	5,400
負　債　合　計	60,384	51,672
純　資　産　の　部		
Ⅰ　株　主　資　本		
1．資　本　金	3,600	3,600
2．資本剰余金		
(1)　資本準備金	1,500	1,500
資本剰余金合計	1,500	1,500
3．利益剰余金		
(1)　利益準備金	780	780
(2)　その他利益剰余金		
任意積立金	4,602	5,106
繰越利益剰余金	864	240
利益剰余金合計	6,246	6,126
株主資本合計	11,346	11,226
純資産合計	11,346	11,226
負債・純資産合計	71,730	62,898

損益計算書

（単位：百万円）

	第24期 自4.1　至3.31	第25期 自4.1　至3.31
Ⅰ 完成工事高	87,090	73,458
Ⅱ 完成工事原価	78,672	66,888
完成工事総利益	8,418	6,570
Ⅲ 販売費及び一般管理費	6,636	6,024
営業利益	1,782	546
Ⅳ 営業外収益	408	378
Ⅴ 営業外費用	774	672
税引前当期純利益	1,416	252
法人税、住民税及び事業税	786	168
当期純利益	630	84

完成工事原価報告書

（単位：百万円）

	第24期 自4.1　至3.31	第25期 自4.1　至3.31
Ⅰ 材料費	27,066	21,960
Ⅱ 労務費	5,220	4,530
（うち、労務外注費）	（ 5,160 ）	（ 4,470 ）
Ⅲ 外注費	40,668	35,208
Ⅳ 経費	5,718	5,190
完成工事原価	78,672	66,888

	第24期	第25期
期末総職員数	1,404人	1,368人

〔問２〕

次の文章の［　　］の中に入る適当なものを下記の用語群の中から選び、その記号（ア〜タ）を所定の欄に記入しなさい。

（用語群）

ア．2.65	イ．2.67	ウ．8.48	エ．8.53
オ．315.21	カ．321.63	キ．11,820	ク．11,910
ケ．付加価値	コ．操業度	サ．資本集約度	シ．有形固定資産回転率
ス．設備投資効率	セ．付加価値率	ソ．労働生産性	タ．労働装備率

生産性分析では、生産要素の投入高に対する生産物の産出高の比率により生産性が評価される。一般にアウトプット指標として、［ 1 ］が利用される。ＴＴ社の第25期の［ 1 ］は、建設業の経営分析においてよく利用される控除法によれば［ 2 ］百万円である。これを総職員数で除したものが、［ 3 ］であり、第25期では［ 4 ］百万円と計算される。

［ 1 ］を完成工事高で除したものは、［ 5 ］と呼ばれ、これに１人あたり完成工事高をかけると［ 3 ］の値になる。また、有形固定資産を総職員数で除したものは［ 6 ］と呼ばれ、これに［ 7 ］を掛け合せても［ 3 ］の値になる。ＴＴ社の第25期の［ 6 ］は、［ 8 ］百万円であり、［ 7 ］は［ 9 ］％となっている。

問題70　諸比率の算定

解答…P.151　理論　計算

ＴＡ株式会社の第40期の要約財務諸表および関連データは次のとおりである。以下の設問に解答しなさい。

〔問１〕

下記の諸比率を算定しなさい。解答に際しての端数処理については、解答欄の指示に従うものとする。

Ａ．経営資本営業利益率　Ｂ．自己資本経常利益率　Ｃ．棚卸資産回転率
Ｄ．支払勘定回転率　Ｅ．受取勘定回転率　Ｆ．当座比率
Ｇ．運転資本保有月数　Ｈ．固定比率　Ｉ．固定長期適合比率
Ｊ．負債比率　Ｋ．営業キャッシュ・フロー対流動負債比率

〔問2〕

同社の財務諸表および〔問1〕において算出した諸比率を参照しながら、次に示す文章の正否について解答しなさい。正しいと思うものには○印を、誤っていると思うものには×印を記入すること。

1．同社の金利負担能力は1以上である。

2．同社の未成工事収支比率は、100％以上であり、請負工事に対する支払能力は十分といえる。

3．経営資本の中には、営業用の車両や職員の福利厚生用施設への投資も含まれる。

貸借対照表

（単位：百万円）

資産の部		負債の部	
Ⅰ 流動資産		Ⅰ 流動負債	
現金預金	11,988	支払手形	8,454
受取手形	3,804	工事未払金	10,698
完成工事未収入金	20,250	短期借入金	24,432
有価証券	2,466	未成工事受入金	25,272
未成工事支出金	36,918	その他の流動負債	4,962
材料貯蔵品	168	〔流動負債計〕	〔73,818〕
その他の流動資産	918	Ⅱ 固定負債	
貸倒引当金	△144	長期借入金	1,800
〔流動資産計〕	〔76,368〕	その他の固定負債	354
Ⅱ 固定資産		〔固定負債計〕	〔2,154〕
償却対象資産	16,170	負債合計	75,972
土地	1,872	純資産の部	
建設仮勘定	210	Ⅰ 株主資本	
その他の有形固定資産	114	資本金	3,600
減価償却累計額	△4,434	資本剰余金	4,860
〔固定資産計〕	〔13,932〕	利益剰余金	5,868
		〔株主資本計〕	〔14,328〕
		純資産合計	14,328
資産合計	90,300	負債・純資産合計	90,300

損益計算書

（単位：百万円）

Ⅰ 完成工事高		91,200
Ⅱ 完成工事原価		78,570
完成工事総利益		12,630
Ⅲ 販売費及び一般管理費		8,532
営業利益		4,098
Ⅳ 営業外収益		924
Ⅴ 営業外費用		2,412
経常利益		2,610
Ⅵ 特別利益		60
Ⅶ 特別損失		144
税引前当期純利益		2,526
法人税、住民税及び事業税	1,080	
法人税等調整額	△60	1,020
当期純利益		1,506

（注）営業外費用はすべて支払利息である。
営業外収益のうち300百万円は受取利息である。
キャッシュ・フロー計算書上の「営業活動によるキャッシュ・フロー」の金額は1,812百万円である。

完成工事原価報告書

（単位：百万円）

Ⅰ 材料費	17,928
Ⅱ 労務費	11,964
（うち、労務外注費）	（ 7,386 ）
Ⅲ 外注費	38,070
Ⅳ 経費	10,608
完成工事原価	78,570

期中平均職員数

技術職員	750人
事務職員	294人
	1,044人

論点別問題編

解答・解説

解答 1

〔問１〕

財務分析の分析主体とは、だれの利用のために分析を実施するかということであり、投資家、株主、銀行、経営者などがあげられる。この分析主体が、企業外部の者か、内部の者かにより、財務分析は外部分析と内部分析に区分される。
（120字以内）

〔問２〕

外部分析は、投資家や銀行などの企業外部の人のために実施される分析である。これに対し内部分析は、経営者など企業内部の人のために実施される分析である。
（80字以内）

解説

外部分析、内部分析は、分析者が企業の内部の者か外部の者かという区分ではなく、だれのために実施するかという観点による区分です。

外部分析、内部分析および分析主体の関係をまとめると次のようになります。

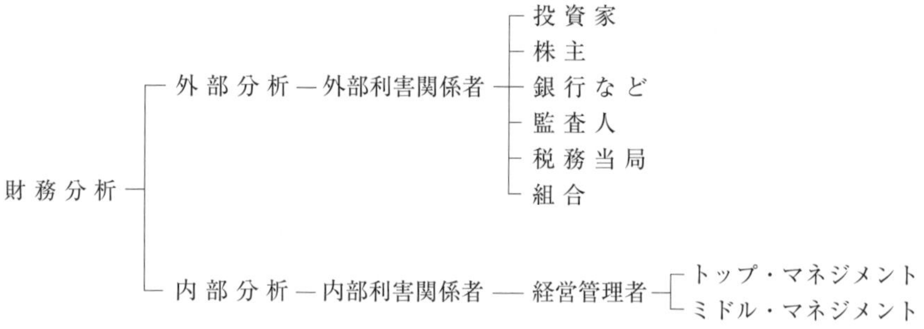

解答 2

財務諸表分析は、自社の数期間の資料を比較することによる分析や同業他社との比較の形で行われる場合には有効な分析方法である反面、次のような限界がある。

第一に、この分析方法は財務諸表の数値を対象としているため、これに表れてこない「社風、組織力、構成員の質」などの影響について判定することができないということがあげられる。第二に、今日では、新製品開発力、研究努力、トップ・マネジメント、労使関係などが「新しい経営指標」として重視されているが、これらの定性的要因を定量化する分析方法は伝統的な財務分析と十分になじむにいたっていないこと、第三に、財務分析は一般に外部分析であるため、企業の内部資料を十分に利用できないということ、そして、第四に同業他社との比較では、経営指標統計が利用されるが、これらの統計の多くは２年ないし３年経過してから公表されるため、現実の経済の動きや景気変動を十分に反映しないことが多いこと、などがあげられる。

(500字以内)

解説

財務諸表分析の限界としては、解答で示した事項のほかに会計処理による限界をあげることもできます。これは、企業間比較を行う場合に問題となるものであり、各企業が同一項目に対してつねに同じ会計処理を行っているとは限らないことによるものです。

同一企業の期間比較を行う場合には、一般に公正妥当と認められる会計処理を継続して適用していれば，なんら問題はありません。しかし，会計処理が複数認められているものについては、比較対象の企業と同じ会計処理を行っていなければ適切な分析を行うことはできません。財務分析を行っていくうえでは、このことを認識しておく必要があります。また、同一企業においても、会計処理の変更がある場合には、期間比較を行ううえで注意が必要です。

次に、財務分析を行う資料について説明します。これは大きく会計情報と非会計情報の２つに分けられます。会計情報は財務諸表に記載されている資料であり、個別財務諸表、四半期財務諸表、連結財務諸表などがあります。非会計情報としては、解答で示したような定性的情報や、会社の概況、営業の状況、関係会社の情報などがあります。

財務諸表分析は会計情報を対象としたものですが、場合によっては非会計情報を加味した分析を行う必要もあります。

解答 3

〔問1〕

> 流動資産に関する特徴としては、その構成要素の一つである未成工事支出金が巨額であるため、総資産に占める流動資産の構成比が高いことがあげられる。また、固定資産の特徴は、流動資産との関係から、その構成比が他産業に比べ著しく低くなっていることである。
> （140字以内）

〔問2〕

> 流動負債に関する特徴としては、未成工事受入金が巨額であるため総資本に占める構成比が高くなっていること、固定負債の特徴としては、固定資産の構成比が低いことと対応して、その構成比も低くなっていることがあげられる。
> （120字以内）

〔問3〕

> 純資産に関する特徴としては、その構成比が低く、なかでも資本金はとくに低い値を示している。このことから建設業では他の産業に比べて財政基盤が脆弱であるといえる。
> （100字以内）

解説

建設業の財務構造の特徴を問う問題です。財務構造の特徴といった場合には、貸借対照表の構成比に関するものと損益計算書の構成比に関するものがあります。貸借対照表の構成比については解答に示したとおりなので、以下では損益計算書の構成比に関する特徴を簡単に説明します。

まず、完成工事原価の構成比が高いことがあげられます。なかでも外注費の構成比が著しく高くなっています。次に、販売費及び一般管理費が相対的に少なく、なかでも減価償却費が少ないです。これは、建設業の特徴である他産業に比べて固定資産への投資が少ないことに関連しています。また、財務構造との関連から支払利息などの費用が少ないこともあげられます。建設業では固定負債が少ないという特徴があるため、支払利息が少なくなっているのです。

解答 4

記号	1	2	3	4	5	6	7	8	9
（ア～タ）	コ	ケ	イ	サ	ケ	コ	コ	ケ	エ

解説

建設業の財務構造は、他産業に比べると次のような特徴がみられます。

① 固定資産の構成比が相対的に低いこと。

② 流動資産の構成比が高いこと。その主要な原因は未成工事支出金が巨額なためである。

③ 流動負債の構成比が高いこと。これは、工事の多くは受注工事を前提とした請負工事によっているため、未成工事受入金が巨額となっているためである。

④ 固定負債の構成比が相対的に低いこと。建設業では固定資産の構成比が低いことに関連して固定負債の構成比も低くなっている。

⑤ 純資産の構成比、とくに資本金の構成比が低いこと。これは、建設業が他の産業に比べて財政基盤が弱いことを示している。

⑥ 当期製品製造原価の構成比が高く、なかでも外注費の構成比が高いこと。これは建設業においては下請制度に依存していることが多いためである。

⑦ 販売費及び一般管理費が相対的に少なく、そのなかでも減価償却費が少ないこと。これは建設業においては固定資産が少ないことに関連している。

⑧ 支払利息などが少ないこと。建設業では長期借入金などの固定負債が少ない。そのため、財務費用である支払利息などが少なくなっている。

解答 5

キャッシュ・フロー計算書とは、企業の一会計期間におけるキャッシュの動きを、営業活動、投資活動および財務活動などの活動区分別に表示する財務諸表である。

企業の経営成績は損益計算書に表される。しかし、利益が計上できても資金繰りが困難となり倒産してしまう「黒字倒産」が生じることがある。その原因としては、収益や費用の計上の時期と、資金の流入・流出の時期がずれてしまうことや、非資金費用などの存在があげられる。

よって、損益フロー以外に、キャッシュ・フローの把握が重要であり、その把握および分析のために用いられるものがキャッシュ・フロー計算書である。

(300字以内)

解説

「利益はオピニオンであり、キャッシュは事実である」といわれることがあります。利益は、会計上の収益から費用を控除することにより求められますが、この収益や費用のなかには、いつ、いくら計上するかが企業の会計方針などにより異なるものがあります。つまり、利益は、会計方針などが異なれば、同じ状況でも違った利益額になるのです。これに対し、キャッシュ・フローをみる場合には会計方針などの相違がキャッシュ・フローに影響を与えることはありません。つまり、1つの事実として表されるわけです。

キャッシュ・フローを重要視する理由には、解答で示したように、資金管理が重要であることや、企業価値をキャッシュ・フローで把握するためなどがあげられます。

解答 6

	1	2	3	4	5	6	7	8
記号（ア～タ）	ア	ウ	エ	ソ	タ	ス	ク	コ

解説

キャッシュ・フロー計算書の資金の範囲は、現金及び現金同等物です。内容は解答に示したとおりですが、具体例をあげると、要求払預金には当座預金、普通預金、通知預金が、現金同等物には取得日から満期日または償還日までの期間が３カ月以内の短期投資である定期預金、譲渡性預金、コマーシャル・ペーパーなどがあります。

解答 7

企業の財務分析上の収益性に係わる指標としては、利益額、完成工事高利益率、資本利益率などがあげられる。

このうち利益額は、実数としての金額で表されるものであり同一企業の期間比較を行ううえでは有効である。しかし、収益を獲得するために要した費用との関係が考慮されていないため問題がある。また、完成工事高利益率は、収益を得るために投下した資本との関係を考慮していないため問題がある。これに対して資本利益率は、投下した資本に対する利益の比率であり、費用との関係および投下資本との関係も表すことができるため、収益性の指標としては有効といえる。

（300字以内）

解説

資本利益率は企業の収益力を総合的に表す指標であり、収益性分析においてもっとも重要視される指標です。

解答 8

記号（ア～ス）	1	2	3	4	5	6
	ス	ウ	コ	オ	ク	キ

解説

収益性分析の指標としては利益額、完成工事高利益率そして資本利益率の３つがあげられます。このうち、もっとも有効な指標は、資本利益率です。企業の収益性に関する比率分析は、一般にこの比率を中心に行われます。

資本利益率は企業の収益性を総合的に表した指標であり、一定期間における利益額とそれを得るために使用された資本額との比率です。この資本利益率は、資本を分母に、利益を分子にとった比率ですが、分母にどのような資本を用いるか、また分子にどのような利益を用いるかにより、さまざまな比率を算定することができます。本問は、そのうち経営資本営業利益率と総資本利益率について説明したものです。

解答に示したように、経営資本に対応する利益としては営業利益が好ましいといえます。経営資本営業利益率は営業活動にかかわる収益性を表しています。

総資本利益率は、総資本と利益との比率であり、企業の総合的な収益力を表しています。利益の種類により、いくつかの総資本利益率を求めることができますが、以下にそれらの比率の内容を簡単に示しておきます。

① 総資本営業利益率
　企業の営業効率を総合的に表す指標です。

② 総資本経常利益率
　財務活動を含む企業の経常的な収益力を表す指標です。

③ 総資本税引前当期純利益率
　企業全体の収益力を経営管理面からとらえる場合に有用な指標です。

④ 総資本当期純利益率
　すべての企業活動の収益性を包括的に表す指標です。

解答 9

イ、キ、コ

解説

経営資本とは、企業の本来の営業活動に実際に投下されている資本であり、総資本から、建設仮勘定、投資資産、繰延資産、遊休状態にある設備などを控除することにより求められます。

オとカは投資によるもの、また、クとケは繰延資産、アとエは営業活動に直接使用していないため経営資本には含まれません。また、ウの本社用建物は賃借中であるため資産には該当せず、総資本にも含まれません。

解答 10

経営資本営業利益率 7.0 %

解説

本問では、経営資本および営業利益を算定する必要があります。まずは経営資本から求めてみましょう。

経営資本は営業活動に投下されている資本であり、総資本から営業活動に直接参加していない資産を控除することにより求めることができます。具体的には、総資本から、投資有価証券、貸付金などの投資資産および建設仮勘定、遊休設備などの未稼働資産ならびに繰延資産などを控除することにより求められます。

本問では、与えられている総資本から、営業活動に直接参加していない、建設仮勘定の12,000千円、繰延資産の1,200千円および投資有価証券の22,800千円を差し引くことで求めます。したがって、経営資本は次のように求められます。

経営資本：510,000千円－12,000千円－1,200千円－22,800千円＝474,000千円

次に営業利益を求めます。営業利益は完成工事高から完成工事原価と販売費及び一般管理費を控除することにより求められます。しかし、本問では完成工事高や完成工事原価は与えられておらず、また、完成工事総利益も与えられていないので求めることができないように思われます。しかし、経常利益が与えられていることに着目してください。経常利益は営業利益に営業外損益を加減したものですから営業利益と経常利益の関係は次の式で表すことができます。

営業利益＝経常利益＋営業外費用－営業外収益

この式に本問の資料の数値をあてはめると、

営業利益：24,000千円＋12,000千円－3,000千円＝33,000千円

となります。

よって経営資本営業利益率は、次のように計算できます。

$$\frac{\text{営業利益}}{\text{経営資本}}\times 100=\frac{33{,}000\text{千円}}{474{,}000\text{千円}}\times 100\fallingdotseq 7.0\%$$

解答 11

〔問１〕

第20期 総資本営業利益率	6.7	％（小数点以下第２位を四捨五入すること）
経営資本営業利益率	10.0	％（ 同 上 ）
第21期 総資本営業利益率	7.3	％（ 同 上 ）
経営資本営業利益率	9.2	％（ 同 上 ）

〔問２〕

記号（ア～シ）	1	2	3	4	5	6
	エ	ウ	サ	オ	ク	キ

解説

〔問１〕

本問ではまず、営業利益を求めなければなりません。営業利益は、完成工事高から完成工事原価と販売費及び一般管理費を控除したものですから、第20期が120,000千円、第21期が132,000千円となります。

あとは、総資本営業利益率と経営資本営業利益率の式に入れていけば、各比率を求めることができます。

第20期

$$\text{総資本営業利益率（％）} = \frac{120{,}000\text{千円}}{1{,}800{,}000\text{千円}} \times 100 \fallingdotseq 6.7\%$$

$$\text{経営資本営業利益率（％）} = \frac{120{,}000\text{千円}}{1{,}200{,}000\text{千円}} \times 100 = 10.0\%$$

第21期

$$\text{総資本営業利益率（％）} = \frac{132{,}000\text{千円}}{1{,}800{,}000\text{千円}} \times 100 \fallingdotseq 7.3\%$$

$$\text{経営資本営業利益率（％）} = \frac{132{,}000\text{千円}}{1{,}440{,}000\text{千円}} \times 100 \fallingdotseq 9.2\%$$

〔問２〕

〔問１〕の結果を表にまとめると次のようになります。

	第20期	第21期
総資本営業利益率	6.7	7.3
経営資本営業利益率	10.0	9.2

この表から、両期を比較すると総資本営業利益率は第21期の方がよくなっているのに対し、経営資本営業利益率は第20期の方がよくなっていることがわかります。両比率はともに分子が営業利益なので、総資本営業利益率と経営資本営業利益率の違いは、分母の資本の違いに起因します。

また、第20期と第21期とでは、総資本の額は同じなので、異なるのは営業利益の金額と経営資本の金額です。この営業利益と経営資本はともに第21期の方が大きくなっています。これらのことと、各比率との関係についてみていくと、経営資本が増加しているほどには営業利益が増えていないために、経営資本営業利益率が減少したことがわかります。

このことは、増加した経営資本がいまだ効率的には利用されていないことを表しています。

解答 12

〔問１〕

	第19期	第20期	
総資本営業利益率	17.1 %	16.7 %	（小数点以下第２位を四捨五入すること）
経営資本営業利益率	17.6 %	20.0 %	（同上）

〔問２〕

記号（ア～サ）	1	2	3	4	5
	コ	ケ	キ	オ	イ

解説

〔問１〕

本問では、まず営業利益と経営資本を求めます。

第19期

営業利益＝1,200,000千円－1,020,000千円－108,000千円＝72,000千円

第20期

営業利益＝1,440,000千円－1,200,000千円－150,000千円＝90,000千円

次に経営資本を求めます。経営資本は、総資本から投資資産、繰延資産、建設仮勘定などを控除することにより計算できます。本問では、総資本から繰延資産と投資その他の資産を控除します。

第19期

経営資本＝420,000千円－6,000千円－6,000千円＝408,000千円

第20期

経営資本＝540,000千円－6,000千円－84,000千円＝450,000千円

以上をもとに各期の総資本営業利益率、および経営資本営業利益率を計算すると以下のようになります。

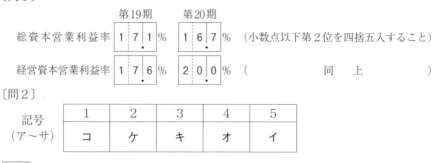

第19期

$$総資本営業利益率(\%) = \frac{72{,}000千円}{420{,}000千円} \times 100 \fallingdotseq 17.1\%$$

$$経営資本営業利益率(\%) = \frac{72{,}000千円}{408{,}000千円} \times 100 \fallingdotseq 17.6\%$$

第20期

$$総資本営業利益率(\%) = \frac{90{,}000千円}{540{,}000千円} \times 100 \fallingdotseq 16.7\%$$

$$経営資本営業利益率(\%) = \frac{90{,}000千円}{450{,}000千円} \times 100 = 20.0\%$$

〔問2〕

総資本利益率と経営資本利益率の関係から、企業の資産の運用状況を問う問題です。

（資料）からわかるように、第20期では投資その他の資産が著しく増加しています。この投資その他の資産は総資本に含まれるものですが経営資本には含まれないものなので、これが両期の各比率に影響を与えていることがわかります。

本問では、総資本営業利益率の値が減少していることから、投資その他の資産の増加率が営業利益の増加率を上回っていることがわかります。これは、投資その他の資産の増加に見合う利益が得られていないことを意味しているため、結果的に投資その他の資産の効率が悪いと判断できます。

解答 13

記号（ア～セ）	1	2	3	4	5	6	7	8	9
	サ	ウ	ケ	シ	オ	エ	カ	ス	イ

解説

本問は、完成工事高利益率の種類と、その特徴に関する問題です。

完成工事高総利益率と完成工事高営業利益率の差が大きいということは、完成工事高対販売費及び一般管理費率が大きいことを意味しています。なぜなら、これらの比率には次の関係がなりたつためです。

完成工事高営業利益率＝完成工事高総利益率－完成工事高対販売費及び一般管理費率

また、完成工事高営業利益率と完成工事高経常利益率の関係をみることにより、財務活動の影響をみることができます。一般に財務活動は、受取利息や支払利息などの営業外損益として表れるものであり、これに関係する比率として営業外損益率があります。これら3つの間には、次の関係があります。

営業外損益率＝完成工事高経常利益率－完成工事高営業利益率

よって、この両比率の差をみることにより、企業の財務活動の影響を把握することができます。

解答 14

(1) 8.8 %　　(2) 0.5 %　　(3) 11.3 %

(4) 11.8 %　　(5) 14.3 %

解説

本問では、まず与えられた資料から、販売費及び一般管理費と営業外損益の金額を求めます。

営業利益は完成工事総利益から販売費及び一般管理費を控除したものなので、次の関係がなりたちます。

販売費及び一般管理費＝完成工事高－完成工事原価－営業利益

この式に与えられた金額をあてはめると、

販売費及び一般管理費：240,000千円－192,000千円－27,000千円＝21,000千円

営業外損益は、営業外収益から営業外費用を控除したものです。営業利益に営業外損益を加減することにより経常利益が求められることから、次の関係がなりたちます。

営業外損益＝経常利益－営業利益

この式に、本問の金額をあてはめると、

営業外損益：28,200千円－27,000千円＝1,200千円

次に、純キャッシュ・フローの金額を求めます。

純キャッシュ・フロー：当期純利益（税引後）±法人税等調整額＋当期減価償却実施額＋引当金増減額－剰余金の配当の額
＝14,400千円－1,200千円＋12,600千円＋13,200千円－4,800千円
＝34,200千円

以上のことをもとに、(1)～(5)の比率を計算します。

(1) 完成工事高対販売費及び一般管理費率

$$\frac{\text{販売費及び一般管理費}}{\text{完成工事高}} \times 100 = \frac{21{,}000\text{千円}}{240{,}000\text{千円}} \times 100 \fallingdotseq 8.8\%$$

(2) 完成工事高営業外損益率

$$\frac{\text{営業外損益}}{\text{完成工事高}} \times 100 = \frac{1{,}200\text{千円}}{240{,}000\text{千円}} \times 100 = 0.5\%$$

なお、完成工事高経常利益率と完成工事高営業利益率の差でも求めることができます。

11.8%－11.3%＝0.5%

(3) 完成工事高営業利益率

$$\frac{\text{営業利益}}{\text{完成工事高}} \times 100 = \frac{27{,}000\text{千円}}{240{,}000\text{千円}} \times 100 \fallingdotseq 11.3\%$$

(4) 完成工事高経常利益率

$$\frac{\text{経常利益}}{\text{完成工事高}} \times 100 = \frac{28{,}200\text{千円}}{240{,}000\text{千円}} \times 100 \fallingdotseq 11.8\%$$

(5) 完成工事高キャッシュ・フロー率

$$\frac{\text{純キャッシュ・フロー}}{\text{完成工事高}} \times 100 = \frac{34{,}200\text{千円}}{240{,}000\text{千円}} \times 100 \fallingdotseq 14.3\%$$

各比率には次のような関係がなりたちます。

完成工事高経常利益率－完成工事高営業利益率＝営業外損益率

本問の数値をあてはめてみると、

11.8－11.3＝0.5

となっていることがわかります。

なお、本問では、小数点以下第２位を四捨五入しているので、金額の値によっては端数処理の関係で上記の式がなりたたないときもあります。端数処理がなければ上記の式は必ずなりたちます。

解答 15

記号（ア～コ）	1	2	3	4	5
	キ	ク	ア	カ	ウ

解説

完成工事高対金融費用率とは、完成工事高に対する金融費用の比率であり、企業の金利負担能力を表しています。

この比率の分析を行う必要性については解答に示したとおりです。

$$\text{完成工事高対金融費用率（\%）} = \frac{\text{金融費用}}{\text{完成工事高}} \times 100$$

この比率は、資本コスト（他人資本利子）を、完成工事高によってどれだけ回収することができるかという、金利負担の状態を表しています。よって、この比率が高いということは、その企業の営業活動の規模に比べて借入金が過大であることを意味します。

解答 16

(1) 18.6 %　　(2) 30.4 %　　(3) 22.6 %

(4) 3.8 %

解説

各比率は次のように求めることができます。

(1) 完成工事高経常利益率

$$\frac{\text{経常利益}}{\text{完成工事高}}\times 100=\frac{143{,}400\text{千円}}{770{,}400\text{千円}}\times 100 \fallingdotseq 18.6\%$$

(2) 完成工事高総利益率

$$\frac{\text{完成工事総利益}}{\text{完成工事高}}\times 100=\frac{234{,}000\text{千円}}{770{,}400\text{千円}}\times 100 \fallingdotseq 30.4\%$$

(3) 完成工事高営業利益率

$$\frac{\text{営業利益}}{\text{完成工事高}}\times 100=\frac{174{,}240\text{千円}}{770{,}400\text{千円}}\times 100 \fallingdotseq 22.6\%$$

(4) 純金利負担率

$$\frac{\text{金融費用}-\text{金融収益}}{\text{完成工事高}}\times 100=\frac{35{,}400\text{千円}-6{,}480\text{千円}}{770{,}400\text{千円}}\times 100 \fallingdotseq 3.8\%$$

解答 17

(1)	総資本営業利益率	9.33 %
(2)	総資本経常利益率	4.00 %
(3)	経営資本営業利益率	9.59 %
(4)	完成工事高総利益率	12.97 %
(5)	完成工事高営業利益率	3.27 %
(6)	完成工事高キャッシュ・フロー率	1.29 %

解説

各比率の計算は次のようになります。

(1) 総資本営業利益率

$$\frac{16{,}800\text{千円}}{180{,}000\text{千円}}\times 100 \fallingdotseq 9.33\%$$

(2) 総資本経常利益率

$$\frac{7{,}200\text{千円}}{180{,}000\text{千円}}\times 100 = 4\%$$

(3) 経営資本営業利益率

経営資本＝180,000千円－3,000千円－1,800千円＝175,200千円

$$\frac{16{,}800\text{千円}}{175{,}200\text{千円}}\times 100 \fallingdotseq 9.59\%$$

(4) 完成工事高総利益率

$$\frac{66{,}600\text{千円}}{513{,}600\text{千円}}\times 100 \fallingdotseq 12.97\%$$

(5) 完成工事高営業利益率

$$\frac{16{,}800\text{千円}}{513{,}600\text{千円}}\times 100 \fallingdotseq 3.27\%$$

(6) 完成工事高キャッシュ・フロー率

純キャッシュ・フロー：4,800千円＋600千円＋2,400千円＋(600千円＋1,800千円
＋1,200千円－3,000千円)－1,800千円＝6,600千円

$$\frac{6{,}600\text{千円}}{513{,}600\text{千円}}\times 100 \fallingdotseq 1.29\%$$

解答 18

(1)	総資本経常利益率	7.59 %
(2)	経営資本営業利益率	8.76 %
(3)	自己資本当期純利益率	17.20 %
(4)	自己資本事業利益率	38.51 %
(5)	完成工事高経常利益率	5.79 %
(6)	完成工事高対販売費及び一般管理費率	7.74 %

解説

本問で注意すべきことは、期中平均値を使用するということです。各資本利益率の計算にあたり、使用される資本は平均を用いることが妥当であるといえます。

以下に各比率の計算を示します。

(1) 総資本経常利益率

与えられた資料の損益計算書に特別損益がないことから、税引前当期純利益と経常利益は同額だとわかります。

$$\frac{14{,}580\text{千円}}{(180{,}000\text{千円}+204{,}000\text{千円})\div 2}\times 100 \fallingdotseq 7.59\%$$

(2)　経営資本営業利益率

第29期経営資本180,000千円－（2,880千円＋120千円）＝177,000千円

第30期経営資本204,000千円－（4,440千円＋60千円）＝199,500千円

$$\frac{16{,}500\text{千円}}{(177{,}000\text{千円}+199{,}500\text{千円})\div 2}\times 100 \fallingdotseq 8.76\%$$

(3)　自己資本当期純利益率

$$\frac{6{,}780\text{千円}}{(36{,}480\text{千円}+42{,}360\text{千円})\div 2}\times 100 \fallingdotseq 17.20\%$$

(4)　自己資本事業利益率

事業利益＝14,580千円＋600千円＝15,180千円

$$\frac{15{,}180\text{千円}}{(36{,}480\text{千円}+42{,}360\text{千円})\div 2}\times 100 \fallingdotseq 38.51\%$$

(5)　完成工事高経常利益率

$$\frac{14{,}580\text{千円}}{252{,}000\text{千円}}\times 100 \fallingdotseq 5.79\%$$

(6)　完成工事高対販売費及び一般管理費率

$$\frac{19{,}500\text{千円}}{252{,}000\text{千円}}\times 100 \fallingdotseq 7.74\%$$

解答 19

	1	2	3	4	5	6	7	8	9	10
記号（ア～タ）	サ	ケ	オ	カ	ウ	エ	ソ	シ	コ	ス

解説

損益分岐点とは、収益と費用が等しく利益がゼロとなる点であり、通常は完成工事高で示されます。完成工事高がこの点より大きければ利益がもたらされ、逆に小さければ損失が発生することになります。つまり、損益分岐点は収益により費用がちょうど回収される採算点を表しているといえます。この採算点における完成工事高を算定することが狭義の損益分岐点分析であり、収益・費用・利益の三者関係をとらえるものが広義の損益分岐点分析であるといえます。

本問で示したように損益分岐点分析を行うにはいくつかの前提条件が設けられています。その中で最も重要な条件が、総費用を変動費と固定費に分解することです。この分解の方法としては、勘定科目精査法、高低２点法、スキャッターグラフ法、そして最小自乗法があり、過去の本試験問題には高低２点法（総費用法）による計算問題が多く出題されています。よって、計算についてもできるようにしておく必要があります。

解答 20

〔問１〕 (1) 40.0 %　　(2) 57600 千円

(3) 36000 千円　　(4) 60000 千円

〔問２〕 72000 千円

解説

〔問１〕

高低２点法（総費用法）は、総費用を変動費と固定費に分解する方法の一つです。総費用の変化額をそれに対応する完成工事高の変化額で割ることにより変動費率を求め、それをもとに変動費額および固定費額を計算する方法をいいます。

本問の変動費率は次のように求めます。

$$変動費率：\frac{93{,}600千円-84{,}000千円}{144{,}000千円-120{,}000千円}=0.4\quad\therefore\ 40.0\%$$

次にこの変動費率0.4を第20期の完成工事高に乗じることにより変動費額が求められます。

変動費額：144,000千円 × 0.4 = 57,600千円

総費用は変動費と固定費の合計なので、固定費額は総費用額から変動費額を控除することにより求めます。

固定費額：93,600千円 − 57,600千円 = 36,000千円

損益分岐点における完成工事高は次のように求めます。

$$損益分岐点完成工事高：\frac{固定費}{1-変動費率}=\frac{36{,}000千円}{1-0.4}=60{,}000千円$$

〔問２〕

目標利益7,200千円をあげるために必要な完成工事高は、次のように計算して求めます。

$$目標完成工事高：\frac{固定費+目標利益}{1-変動費率}=\frac{36{,}000千円+7{,}200千円}{1-0.4}=72{,}000千円$$

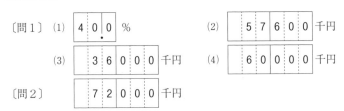

解答 21

(1) 309000 千円	(2) 29.5 %	(3) 70.5 %
(4) 384000 千円	(5) 449455 千円	(6) 0.665

解説

各問の計算は次のとおりです。

(1) 変動費率：$\dfrac{297{,}840\text{千円}}{438{,}000\text{千円}} = 0.68$

損益分岐点完成工事高：$\dfrac{98{,}880\text{千円}}{1-0.68} = 309{,}000\text{千円}$

(2) 安全余裕率：$\dfrac{438{,}000\text{千円}-309{,}000\text{千円}}{438{,}000\text{千円}} \times 100 \fallingdotseq 29.5\%$

(3) 損益分岐点比率：$\dfrac{309{,}000\text{千円}}{438{,}000\text{千円}} \times 100 \fallingdotseq 70.5\%$

(4) 目標利益達成完成工事高：$\dfrac{98{,}880\text{千円}+24{,}000\text{千円}}{1-0.68} = 384{,}000\text{千円}$

(5) 完成工事高をXとおきます。

$X = 0.68X + 98{,}880 + 0.1X$

$X \fallingdotseq 449{,}455$（千円）

(6) 変動費率をYとおきます。

$438{,}000 = 438{,}000Y + 98{,}880 + 48{,}000$

$Y \fallingdotseq 0.665$

解答 22

記号	1	2	3	4	5	6	7
（ア～シ）	カ	オ	ア	イ	シ	コ	ク

（3、4は順不同）

解説

損益分岐点とは、収益と費用が等しく利益がゼロとなる点であり、通常は完成工事高で表されます。

この分析を行うためには、総費用を変動費と固定費に分解する必要があります。固定費とは、操業度の増減にかかわらず変化しない原価であり、キャパシティ・コストともよばれます。これに対して変動費とは、操業度の変化に応じて比例的に発生する原価であり、アクティビティ・コストともよばれます。しかし、すべての費用が変動費と固定費に容易に区分できるというものではありません。その理由は費用のなかに準変動費や準固定費などが含まれるためです。固定費と変動費の分解の方法には、解答で示したように、勘定科目精査法、高低2点法、スキャッターグラフ法、そして最小自乗法などがあります。

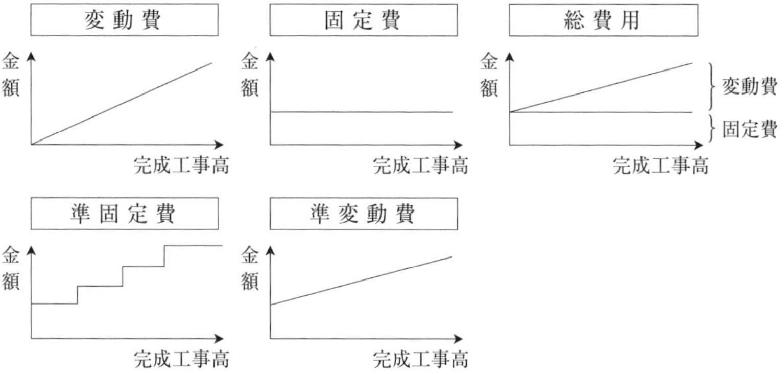

なお、損益分岐点分析は、企業の損益状態を把握し、さらに将来の利益計画を設定する際に有効な方法といえますが、建設業においてはなじみにくい分析方法ともいえます。その理由は次のとおりです。

1. 建設業においては、収益の計上について、通常、工事完成基準が適用されていること。
2. 建設業においては、個別工事ごとの予算にもとづいて、その利益管理が行われていること。
3. 実績データが入手しづらいこと。

解答 23

記号（ア～ト）	1	2	3	4	5	6	7	8	9	10
	チ	ク	キ	ト	ソ	ア	エ	カ	セ	シ

解説

本問は、企業の短期安全性を分析するために用いられる比率である流動比率と当座比率について説明を求めた問題です。

流動比率は、企業の財務健全性をみるにあたり、これまでもっとも重視されてきた比率の一つといえます。アメリカにおいては２対１の原則ともいわれ、200％以上が理想とされてきました。この理由は、流動資産を帳簿価額の半値で処分しても流動負債の返済ができるというように、担保価値をその半分として評価したためと考えられます。

なお、わが国の大企業の流動比率は110％程度であり、200％をかなり下回っていますが、わが国の大企業の財務健全性が低いかというと必ずしもそうとはいえません。なぜならば、わが国の流動比率の低さは、その資本市場・金融機関との関係に根ざすものであり、財務状態が不健全ということにはならないためです。しかし、流動比率が100％を下回るようでは財務健全性に問題があるということになります。

当座比率は、流動比率に比べ、より短期の支払能力をみるための指標です。流動資産のなかには、商品や製品なども含まれていますが、これらはすぐに現金化できるものではなく、それにはある程度の時間がかかります。よって、流動資産から商品などを除いた当座資産を用いた当座比率は、より確実性の高い支払能力を表す指標といえます。

解答 24

〔問１〕

流動比率とは、流動負債に対する流動資産の比率であり、短期的に支払いを行わなければならない流動負債に対して、これをまかなう流動資産がどの程度あるかを表す指標である。これに対し、当座比率とは、流動負債に対する当座資産の比率であり、流動負債をまかなう当座資産の程度を表す指標である。

（150字以内）

〔問２〕

流動比率と当座比率の共通点は、どちらも企業の短期的な支払能力を表し、その値が高いほど企業の財務健全性は高いといえる点である。相違点は、流動比率に比べて当座比率はより短期の支払能力を表す指標であるという点である。

この理由は、流動資産のなかには当座資産に含まれない棚卸資産などが含まれるが、これはすぐに現金化できるものではなく、当座資産に比べて流動性に劣るものである。

（200字以内）

解説

流動比率の内容は解答に示したとおりです。なお、建設業においては未成工事支出金と未成工事受入金が多額になるため、それらを流動資産および流動負債から控除して計算された比率が原則とされます。しかし、試験においてはどちらの比率とも問われているので注意しておく必要があります。

当座比率は酸性試験比率ともいわれ、流動比率に対してより確実性の高い支払能力を分析する指標です。建設業においては、流動比率と同様に、流動負債から未成工事受入金を控除して計算された比率を原則としています。

解答 25

記号（ア～ス）	1	2	3	4	5	6	7	8
	コ	カ	イ	シ	ク	サ	イ	キ

解説

固定比率と固定長期適合比率は、ともに企業の長期的な財務安全性を分析するために有効な比率です。

固定比率の内容は解答に示したとおりで、100％以下が望ましいですが、日本の大企業では175％程度の値を示しています。これに対して、建設業においては上場大企業で105％程度、上場中堅企業で85％程度となっています。このように建設業の固定比率が小さくなっている理由は、建設設備にそれほど巨額の投資を必要としないためと考えられます。

固定比率が100％以上あるとしても、固定長期適合比率が100％以下であれば、財務健全性は良好といえます。この固定長期適合比率は、固定資産を自己資本と固定負債の合計でまかなっているか否かをみる指標であり、100％以下ならばその合計でまかなわれていることを意味します。自己資本は返済の必要がなく、また固定負債はその返済が長期に及ぶため、固定資産が自己資本と固定負債でまかなわれていれば、企業にとっては問題がないことになります。

もし、固定長期適合比率が100％以上ならば、固定資産が自己資本と固定負債だけではまかないきれず、不足分を流動負債によってまかなったことになり、財務健全性に問題があるといえます。

解答 26

(1) (a)	106.58 %	(1) (b)	78.83 %
(2) (a)	50.93 %	(2) (b)	75.92 %
(3)	242.45 %	(4)	98.11 %
(5)	61.30 %	(6)	23.97 %
(7)	86.67 %	(8)	29.20 %
(9)	0.44 月	(10)	2.21 月
(11) (a)	13.58 %	(11) (b)	20.25 %

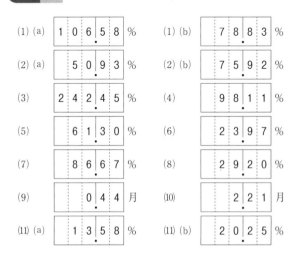

(12)	0.91 月	(13)	5.14 %
(14)	2.39 月	(15)	23.06 %

解説

各比率の計算方法は次のとおりです。

(1) 流動比率

(a) 通常の場合

$$\frac{310{,}800\text{千円}}{291{,}600\text{千円}} \times 100 \fallingdotseq 106.58\%$$

(b) 建設業の場合

$$\frac{310{,}800\text{千円} - 156{,}600\text{千円}}{291{,}600\text{千円} - 96{,}000\text{千円}} \times 100 \fallingdotseq 78.83\%$$

(2) 当座比率

(a) 通常の場合

$$\frac{39{,}600\text{千円} + 18{,}000\text{千円} + 78{,}600\text{千円} + 13{,}200\text{千円} - 900\text{千円}}{291{,}600\text{千円}} \times 100 \fallingdotseq 50.93\%$$

(b) 建設業の場合

$$\frac{39{,}600\text{千円} + 18{,}000\text{千円} + 78{,}600\text{千円} + 13{,}200\text{千円} - 900\text{千円}}{291{,}600\text{千円} - 96{,}000\text{千円}} \times 100 \fallingdotseq 75.92\%$$

(3) 負債比率

$$\frac{308{,}400\text{千円}}{127{,}200\text{千円}} \times 100 \fallingdotseq 242.45\%$$

(4) 固定比率

$$\frac{124{,}800\text{千円}}{127{,}200\text{千円}} \times 100 \fallingdotseq 98.11\%$$

(5) 未成工事収支比率

$$\frac{96{,}000\text{千円}}{156{,}600\text{千円}} \times 100 \fallingdotseq 61.30\%$$

(6) 借入金依存度

$$\frac{93{,}600\text{千円} + 10{,}800\text{千円}}{435{,}600\text{千円}} \times 100 \fallingdotseq 23.97\%$$

(7) 固定長期適合比率

$$\frac{124{,}800\text{千円}}{16{,}800\text{千円} + 127{,}200\text{千円}} \times 100 \fallingdotseq 86.67\%$$

(8) 自己資本比率

$$\frac{127{,}200\text{千円}}{435{,}600\text{千円}} \times 100 \fallingdotseq 29.20\%$$

(9) 運転資本保有月数

$$\frac{310{,}800\text{千円} - 291{,}600\text{千円}}{525{,}000\text{千円} \div 12} \fallingdotseq 0.44\text{月}$$

⑽　受取勘定滞留月数

$$\frac{18{,}000\text{千円}+78{,}600\text{千円}}{525{,}000\text{千円}\div 12} \fallingdotseq 2.21\text{月}$$

⑾　現金預金比率

（a）　通常の場合　$\dfrac{39{,}600\text{千円}}{291{,}600\text{千円}}\times 100 \fallingdotseq 13.58\%$

（b）　建設業の場合　$\dfrac{39{,}600\text{千円}}{291{,}600\text{千円}-96{,}000\text{千円}}\times 100 \fallingdotseq 20.25\%$

⑿　現金預金手持月数

$$\frac{39{,}600\text{千円}}{525{,}000\text{千円}\div 12} \fallingdotseq 0.91\text{月}$$

⒀　営業キャッシュ・フロー対流動負債比率

$$\frac{15{,}000\text{千円}}{291{,}600\text{千円}}\times 100 \fallingdotseq 5.14\%$$

⒁　有利子負債月商倍率

$$\frac{93{,}600\text{千円}+10{,}800\text{千円}}{525{,}000\text{千円}\div 12} \fallingdotseq 2.39\text{月}$$

⒂　立替工事高比率

$$\frac{18{,}000\text{千円}+78{,}600\text{千円}+156{,}600\text{千円}-96{,}000\text{千円}}{525{,}000\text{千円}+156{,}600\text{千円}}\times 100 \fallingdotseq 23.06\%$$

解答 27

当座比率　| 9 | 4 | %

解説

まず、流動比率と流動負債の資料により、流動資産の金額を求める必要があります。

流動資産＝流動負債×流動比率＝30,000千円×1.3＝39,000千円

当座資産：39,000千円－（9,000千円＋1,800千円）＝28,200千円

当座比率（%）：$\dfrac{28{,}200\text{千円}}{30{,}000\text{千円}}\times 100 = 94\%$

解答 28

〔問１〕

	X社	Y社
A　流　動　比　率	138%	231%
B　当　座　比　率	81%	153%
C　固　定　比　率	119%	52%
D　固定長期適合比率	92%	44%
E　自 己 資 本 比 率	49%	40%
F　負　債　比　率	106%	152%

〔問2〕

記号（ア～シ）	1	2	3	4	5	6	7	8	9	10
	ク	ウ	エ	コ	オ	カ	キ	サ	サ	ア

解説

〔問１〕諸比率は次のように求められます。

X社

$$\text{建設業における流動比率（\%）}=\frac{\text{流動資産}-\text{未成工事支出金}}{\text{流動負債}-\text{未成工事受入金}}\times 100$$

$$=\frac{546{,}090\text{千円}-90{,}600\text{千円}}{477{,}978\text{千円}-147{,}900\text{千円}}\times 100 \fallingdotseq 138\%$$

$$\text{建設業における当座比率（\%）}=\frac{\text{当座資産}}{\text{流動負債}-\text{未成工事受入金}}\times 100$$

$$=\frac{18{,}900\text{千円}+82{,}680\text{千円}+165{,}840\text{千円}}{477{,}978\text{千円}-147{,}900\text{千円}}\times 100 \fallingdotseq 81\%$$

$$\text{固定比率（\%）}=\frac{\text{固定資産}}{\text{自己資本}}\times 100=\frac{746{,}910\text{千円}}{628{,}002\text{千円}}\times 100 \fallingdotseq 119\%$$

$$\text{固定長期適合比率（\%）}=\frac{\text{固定資産}}{\text{固定負債}+\text{自己資本}}\times 100$$

$$=\frac{746{,}910\text{千円}}{187{,}020\text{千円}+628{,}002\text{千円}}\times 100 \fallingdotseq 92\%$$

$$\text{自己資本比率（\%）}=\frac{\text{自己資本}}{\text{総資本}}\times 100=\frac{628{,}002\text{千円}}{1{,}293{,}000\text{千円}}\times 100 \fallingdotseq 49\%$$

$$\text{負債比率（\%）}=\frac{\text{負債}}{\text{自己資本}}\times 100=\frac{664{,}998\text{千円}}{628{,}002\text{千円}}\times 100 \fallingdotseq 106\%$$

Ｙ社

$$\text{建設業における流動比率（\%）} = \frac{\text{流動資産} - \text{未成工事支出金}}{\text{流動負債} - \text{未成工事受入金}} \times 100$$

$$= \frac{139{,}254\text{千円} - 7{,}680\text{千円}}{92{,}226\text{千円} - 35{,}220\text{千円}} \times 100 \fallingdotseq 231\%$$

$$\text{建設業における当座比率（\%）} = \frac{\text{当座資産}}{\text{流動負債} - \text{未成工事受入金}} \times 100$$

$$= \frac{8{,}160\text{千円} + 25{,}440\text{千円} + 53{,}820\text{千円}}{92{,}226\text{千円} - 35{,}220\text{千円}} \times 100 \fallingdotseq 153\%$$

$$\text{固定比率（\%）} = \frac{\text{固定資産}}{\text{自己資本}} \times 100 = \frac{36{,}546\text{千円}}{69{,}780\text{千円}} \times 100 \fallingdotseq 52\%$$

$$\text{固定長期適合比率（\%）} = \frac{\text{固定資産}}{\text{固定負債} + \text{自己資本}} \times 100$$

$$= \frac{36{,}546\text{千円}}{13{,}794\text{千円} + 69{,}780\text{千円}} \times 100 \fallingdotseq 44\%$$

$$\text{自己資本比率（\%）} = \frac{\text{自己資本}}{\text{総資本}} \times 100 = \frac{69{,}780\text{千円}}{175{,}800\text{千円}} \times 100 \fallingdotseq 40\%$$

$$\text{負債比率（\%）} = \frac{\text{負債}}{\text{自己資本}} \times 100 = \frac{106{,}020\text{千円}}{69{,}780\text{千円}} \times 100 \fallingdotseq 152\%$$

解答 29

A	未成工事支出金	12000	百万円	
B	償却対象資産	17418	百万円	
C	資本金	1800	百万円	
D	流動比率	108.93	%	（小数点以下第３位を四捨五入し、第２位まで記入すること）
E	借入金依存度	34.89	%	（同上）
F	流動負債比率	515.00	%	（同上）
G	受取勘定滞留月数	3.39	月	（同上）
H	完成工事未収入金滞留月数	2.49	月	（同上）
I	必要運転資金月商倍率	1.35	月	（同上）
J	固定負債比率	210.00	%	（同上）
K	固定長期適合比率	80.32	%	（同上）
L	営業キャッシュ・フロー対流動負債比率	7.86	%	（同上）

解説

まず、貸借対照表の空欄を推定します。

負債比率が910％より、

$$\frac{54{,}600\text{百万円}}{\text{自己資本}} \times 100 = 910\%$$

自己資本は6,000百万円となります。これより、資本金（C）は1,800百万円、負債・純資産合計（資産合計）は、60,600百万円であることがわかります。

固定比率が249％より、

$$\frac{\text{固定資産}}{6{,}000\text{百万円}} \times 100 = 249\%$$

固定資産は14,940百万円、償却対象資産（B）は17,418百万円となります。

未成工事支出金（A）については、総資産（負債・純資産合計）が60,600百万円、固定資産が14,940百万円より、12,000百万円と導くことができます。または、未成工事収支比率が92.5％より、次のようにも推定できます。

$$\text{未成工事収支比率(\%)} = \frac{11{,}100\text{百万円}}{\text{未成工事支出金}} \times 100 = 92.5(\%)$$ より、12,000百万円

となります。

これをもとに、各諸比率を計算すると次のようになります。

D　建設業における流動比率

$$\frac{45{,}660\text{百万円} - 12{,}000\text{百万円}}{42{,}000\text{百万円} - 11{,}100\text{百万円}} \times 100 \fallingdotseq 108.93\%$$

E　借入金依存度

$$\frac{13{,}530\text{百万円} + 7{,}614\text{百万円}}{60{,}600\text{百万円}} \times 100 \fallingdotseq 34.89\%$$

F　建設業における流動負債比率

$$\frac{42{,}000\text{百万円} - 11{,}100\text{百万円}}{6{,}000\text{百万円}} \times 100 = 515.00\%$$

G　受取勘定滞留月数

$$\frac{6{,}096\text{百万円} + 16{,}812\text{百万円}}{81{,}000\text{百万円} \div 12} \fallingdotseq 3.39\text{月}$$

H　完成工事未収入金滞留月数

$$\frac{16{,}812\text{百万円}}{81{,}000\text{百万円} \div 12} \fallingdotseq 2.49\text{月}$$

I　必要運転資金月商倍率

$$\frac{6{,}096\text{百万円} + 16{,}812\text{百万円} + 12{,}000\text{百万円} - 5{,}532\text{百万円} - 9{,}156\text{百万円} - 11{,}100\text{百万円}}{81{,}000\text{百万円} \div 12} \fallingdotseq 1.35\text{月}$$

J　固定負債比率

$$\frac{12{,}600\text{百万円}}{6{,}000\text{百万円}} \times 100 = 210.00\%$$

K　固定長期適合比率

$$\frac{14{,}940\text{百万円}}{12{,}600\text{百万円}+6{,}000\text{百万円}}\times 100 \fallingdotseq 80.32\%$$

L　営業キャッシュ・フロー対流動負債比率

$$\frac{3{,}300\text{百万円}}{42{,}000\text{百万円}}\times 100 \fallingdotseq 7.86\%$$

解答 30

〔問1〕

A　負債比率	737.29	%	(小数点以下第3位を四捨五入し、第2位まで記入すること)
B　当座比率	108.90	%	(同上)
または	78.86	%	(同上)
C　固定比率	208.60	%	(同上)
D　固定長期適合比率	77.83	%	(同上)
E　金利負担能力	2.80	倍	(同上)
F　受取勘定滞留月数	3.17	月	(同上)
G　必要運転資金滞留月数	1.38	月	(同上)

〔問2〕

	1	2	3	4	5
記号 (ア～ス)	ケ	イ	コ	オ	シ

解説

〔問１〕各財務比率の計算は次のとおりです。

A　負債比率

$$\frac{158{,}502\text{百万円}}{21{,}498\text{百万円}} \times 100 \fallingdotseq 737.29\%$$

B　当座比率

当座資産 = 21,210百万円 + 18,732百万円 + 46,458百万円 + 10,362百万円 − 252百万円
　　　　= 96,510百万円

$$\frac{96{,}510\text{百万円}}{122{,}382\text{百万円} - 33{,}762\text{百万円}} \times 100 \fallingdotseq 108.90\%$$

または、

$$\frac{96{,}510\text{百万円}}{122{,}382\text{百万円}} \times 100 \fallingdotseq 78.86\%$$

問題文に指示がない場合は、一般的な当座比率と建設業における当座比率のどちらで計算してもかまいません。

C　固定比率

$$\frac{44{,}844\text{百万円}}{21{,}498\text{百万円}} \times 100 \fallingdotseq 208.60\%$$

D　固定長期適合比率

$$\frac{44{,}844\text{百万円}}{21{,}498\text{百万円} + 36{,}120\text{百万円}} \times 100 \fallingdotseq 77.83\%$$

E　金利負担能力（インタレスト・カバレッジ）

$$\frac{5{,}700\text{百万円} + 1{,}452\text{百万円}}{2{,}550\text{百万円}} \fallingdotseq 2.80\text{倍}$$

F　受取勘定滞留月数

$$\frac{18{,}732\text{百万円} + 46{,}458\text{百万円}}{246{,}720\text{百万円} \div 12} \fallingdotseq 3.17\text{月}$$

G　必要運転資金滞留月数

$$\frac{18{,}732\text{百万円} + 46{,}458\text{百万円} + 36{,}720\text{百万円} - 16{,}218\text{百万円} - 23{,}616\text{百万円} - 33{,}762\text{百万円}}{246{,}720\text{百万円} \div 12} \fallingdotseq 1.38\text{月}$$

〔問２〕

固定比率とは自己資本に対する固定資産の割合であり、固定資産が返済を要しない自己資本でどの程度まかなわれているかをみる指標です。この比率が100％以下であれば、固定資産はすべて自己資本でまかなわれていることになり、企業にとっては望ましい状態といえます。固定比率が100％以上の場合には固定資産が自己資本以外のものによってもまかなわれていることになりますが、これが固定負債である場合には、財務健全性において問題はなく、このことをみる指標が固定長期適合比率となります。

固定長期適合比率は、固定資産が自己資本と固定負債によってどの程度まかなわれているかをみる指標です。自己資本は返済を要しないものであり、また固定負債はその返済期限が長期であり、自己資本に準じた長期安定的資本といえます。よってこれら２つにより固定資産がまかなわれていれば財務健全性に問題はないといえます。これは、固定長期適合比率が100％以下であることが望ましいことを表しています。

問１でみたように、ＴＫ株式会社の固定比率は208.60％で100％を上回っていますが、固定長期適合比率は、77.83％で100％を下回っています。よって、固定資産は自己資本と固定負債の合計でまかなわれており、この点からは財務健全性に問題はないといえます。

解答 31

	1	2	3	4	5	6	7	8
記号（ア～チ）	サ	ア	セ	カ	ア	セ	イ	セ

解説

負債比率とは、流動負債と固定負債の合計である負債総額と、これを担保する自己資本との比率であり、企業の長期的な財務の安全性を測定する指標です。よって、総資本に対する自己資本の割合を表す自己資本比率と密接な関係があります。負債比率が100％以下であれば、他人資本のすべてを自己資本で担保していることになり、健全な状況を表しているといえます。

企業に十分な自己資本がない場合には、他人資本を活用することにより、企業は資本利益率を高める行動を実行することが可能です。他人資本が企業活性化の梃《てこ》（レバレッジ）の役割を果たしているかのようなもので、日本の経済はこの負債の利用である財務レバレッジによって発展してきました。しかし、負債比率が、高まれば高まるほど財務の健全性を悪化させることになります。

なお、財務レバレッジ効果を、より具体的に述べておくと「総資本利益率が、負債利子率を上回っている場合には、他人資本の利用により、自己資本利益率は増幅する」ということです。

解答 32

流動性分析や健全性分析では、比率分析などにより、分析目的の傾向を知ることができるが、その良否の原因までを分析することはできない。また、減価償却費などの非資金費用は、損益計算上、費用として収益から減算されるが、資金の流入を考える場合には、非資金費用は流出をともなわないものであるから、資金の源泉と考える必要がある。以上のことから、流動性、健全性の分析のほかに、資金変動性の分析が必要となる。（200字以内）

解説

関係比率分析などの分析以外に、資金変動性分析が必要とされる理由は、次のとおりです。

① 流動性分析や健全性分析では、相対的な比率分析により目的の傾向を知ることができますが、その良否の原因を分析することはできません。

② 損益計算書において、減価償却費は費用項目の一つですが、現金支出をともなわない非資金費用です。よって、資金分析の面からは資金の源泉といえますが、比率分析などではこの点が考慮されていません。

解答 33

	1	2	3	4	5	6	7
記号（ア～ソ）	オ	カ	ス	セ	サ	ケ	シ

解説

資金とは、企業行動の遂行に際して必要な財またはサービスの獲得に利用することができる支払手段です。資金分析などに利用される資金概念として次のものがあげられます。

1．即座の支払手段たる現金

簿記で一般に用いられる「現金」ですが、資金変動性分析では、あまり用いられることはありません。資金分析では、通常、以下に示す資金概念が用いられます。

2．現金およびいつでも支払手段に利用可能な預金

資金繰り分析において使用されることが多い資金概念です。

3．現金・預金プラス市場性のある一時所有の有価証券

かつて有価証券報告書の「資金収支表」に規定されていた資金概念です。

4．現金及び現金同等物

「キャッシュ・フロー計算書」でいう資金概念です。具体的には、手許現金、要求払預金、短期の現金支払債務に充てるために保有された流動性の高い投資のうち、容易に一定金額と換金可能なものをいいます。

5．当座資産・正味当座資産

当座資産とは、現金預金、完成工事未収入金や受取手形などの売上債権、有価証券など、短期間に現金や預金に換えられるものです。また、正味当座資産とは、当座資産から流動負債を控除したものです。

6．運転資本・正味運転資本

運転資本は、財務諸表の流動資産にあたり、正味運転資本は流動資産から流動負債を控除したものです。後者の正味運転資本は資金運用表分析の資金概念であり、これにより正味運転資本型資金運用表が作成されます。

解答 34

正味運転資本型資金運用表

（単位：千円）

1．資金の源泉		
税引前当期純利益		6,030
非資金費用		
減価償却費	1,770	
退職給付費用	444	2,214
小計		8,244
2．資金の運用		
固定資産		
有形固定資産の取得	2,454	
投資その他の資産の増加	486	2,940
固定負債		
長期借入金の返済	1,230	
退職給付引当金の取崩	240	1,470
剰余金の配当		2,400
小計		6,810
差引（正味運転資本の増加）		1,434
3．正味運転資本変動の明細		
(1) 正味運転資本の増加		
流動資産		
現金預金の増加	7,374	
受取手形の増加	618	
完成工事未収入金の増加	1,212	
未成工事支出金の増加	6,636	
材料貯蔵品の増加	102	
その他の流動資産の増加	102	16,044
流動負債		
その他の流動負債の減少		2,970
小計		19,014
(2) 正味運転資本の減少		
流動負債		
支払手形の増加	6,834	
工事未払金の増加	6,840	
短期借入金の増加	2,070	
未成工事受入金の増加	1,836	17,580
小計		17,580
差引（正味運転資本の増加）		1,434

解説

正味運転資本型資金運用表は、正味運転資本の増減を表す資金運用表です。正味運転資本とは、流動資産から流動負債を控除して計算されます。よって正味運転資本型資金運用表は、流動資産、流動負債の増減と固定資産、固定負債および純資産の増減とに区別して表されます。

(1) 有形固定資産の取得

有形固定資産

	期首	49,362	減価償却	1,770
貸借差額→	取得	2,454	期末	50,046

(2) 投資その他の資産の増加
33,204千円〈期末〉－32,718千円〈期首〉＝486千円

(3) 長期借入金の返済
48,348千円〈期首〉－47,118千円〈期末〉＝1,230千円

(4) 退職給付引当金の取崩し

退職給付引当金

貸借差額→	取崩	240	期首	2,700
	期末	2,904	繰入	444

(5) 現金預金の増加
56,892千円〈期末〉－49,518千円〈期首〉＝7,374千円

(6) 受取手形の増加
11,544千円〈期末〉－10,926千円〈期首〉＝618千円

(7) 完成工事未収入金の増加
19,944千円〈期末〉－18,732千円〈期首〉＝1,212千円

(8) 未成工事支出金の増加
108,780千円〈期末〉－102,144千円〈期首〉＝6,636千円

(9) 材料貯蔵品の増加
2,490千円〈期末〉－2,388千円〈期首〉＝102千円

(10) その他の流動資産の増加
5,772千円〈期末〉－5,670千円〈期首〉＝102千円

(11) その他の流動負債の減少
4,620千円〈期首〉－（4,770千円〈期末〉－3,120千円〈法人税、住民税及び事業税〉）
＝2,970千円

⑿　支払手形の増加
51,144千円〈期末〉－44,310千円〈期首〉＝6,834千円

⒀　工事未払金の増加
38,298千円〈期末〉－31,458千円〈期首〉＝6,840千円

⒁　短期借入金の増加
47,598千円〈期末〉－45,528千円〈期首〉＝2,070千円

⒂　未成工事受入金の増加
60,888千円〈期末〉－59,052千円〈期首〉＝1,836千円

解答 35

第30期資金運用表（正味運転資本型）

（単位：百万円）

Ⅰ．資金の源泉		
税引前当期純利益		2,460
非資金費用		
減価償却費	708	
退職給付費用	174	882
小計		3342
Ⅱ．資金の運用		
固定資産		
有形固定資産の取得	978	
投資その他の資産の増加	2,334	3312
固定負債		
長期借入金の返済	1746	
退職給付引当金の取崩	36	1782
剰余金の配当		780
小計		5874
差引 正味運転資本 の 減少		2532

（注）正味運転資本変動の状況

流動資産の純増加	13626
流動負債の純増加	16158
差引正味運転資本の 減少	2532

解説

資金運用表とは、連続した2期間の貸借対照表を比較することにより各項目の増減を算定し、それらを資金の源泉と運用とに区分整理した計算書です。この資金運用表により、財務安全性を知り、支払能力などの判定ができます。

正味運転資本型資金運用表は、正味運転資本を資金概念としており、流動資産および流動負債の増減額が、固定資産、固定負債および純資産の増減とは別個に示されます。この関係は次のように表されます。

資金の源泉		
① 固定負債の増加	×××	
② 純資産の増加	×××	
③ 固定資産の減少	×××	×××
資金の運用		
④ 固定負債の減少	×××	
⑤ 純資産の減少	×××	
⑥ 固定資産の増加	×××	×××
差引：正味運転資本の増減		×××

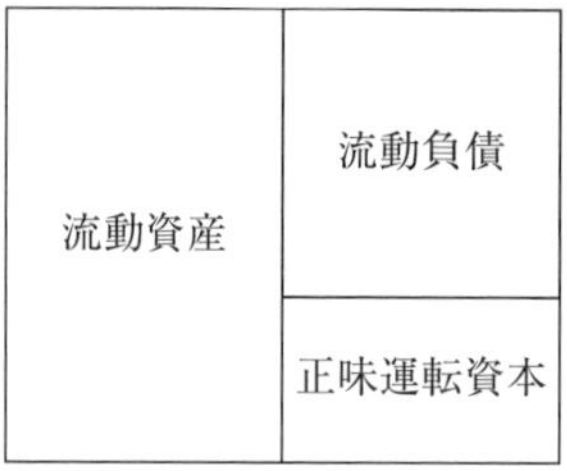

正味運転資本変動の明細		
⑦ 流動資産の増加	×××	
⑧ 流動負債の減少	×××	×××
⑨ 流動資産の減少	×××	
⑩ 流動負債の増加	×××	×××
差引：正味運転資本の増減		×××

（上下の差引：正味運転資本の増減は一致）

(1) 有形固定資産の取得

有形固定資産

期首	23,556	減価償却	708
取得（←貸借差額）	978	期末	23,826

(2) 投資その他の資産の増加

17,820百万円〈期末〉－15,486百万円〈期首〉＝2,334百万円

(3) 長期借入金の返済

22,776百万円〈期首〉－21,030百万円〈期末〉＝1,746百万円

(4) 流動資産の純増加

102,918百万円〈期末〉－89,292百万円〈期首〉＝13,626百万円

(5) 流動負債の純増加

(103,782百万円〈期末〉－1,308百万円〈法人税、住民税及び事業税〉)－86,316百万円〈期首〉＝16,158百万円

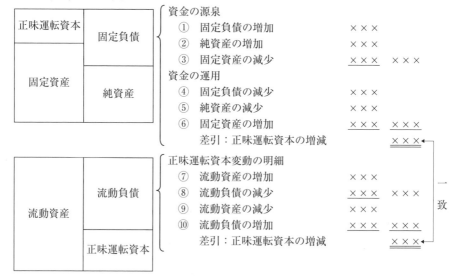

解答 36

第10期資金運用表（正味運転資本型）

（単位：百万円）

Ⅰ．資金の源泉		
税引前当期純利益		12510
非資金費用		
減価償却費	3672	
繰延資産の償却	1500	
退職給付費用	900	6072
小計		18582
Ⅱ．資金の運用		
固定資産		
有形固定資産の取得	4950	
投資その他の資産の増加	13488	18438
固定負債		
長期借入金の返済		9864
剰余金の配当		4140
小計		32442
差引 正味運転資本 の 減少		13860
（注）正味運転資本変動の状況		
流動資産の純増加		68634
流動負債の純増加		82494
差引 正味運転資本 の 減少		13860

解説

⑴　繰延資産の償却

12,600百万円〈期首〉－11,100百万円〈期末〉＝1,500百万円

⑵　有形固定資産の取得

有形固定資産

	期首	120,276	減価償却	3,672
貸借差額→	取得	4,950	期末	121,554

⑶　投資その他の資産の増加

79,746百万円〈期末〉－66,258百万円〈期首〉＝13,488百万円

⑷　長期借入金の返済

116,028百万円〈期首〉－106,164百万円〈期末〉＝9,864百万円

⑸　流動資産の純増加

523,872百万円〈期末〉－455,238百万円〈期首〉＝68,634百万円

⑹　流動負債の純増加

(529,524百万円〈期末〉－6,840百万円〈法人税、住民税及び事業税〉)

－440,190百万円〈期首〉＝82,494百万円

解答 37

	1	2	3	4	5	6
記号（ア～ク）	オ	ウ	ア	エ	カ	キ

解説

資本利益率とは、財務諸表分析における収益性の総合的指標であり、一定期間の利益額とそれを得るために使用された資本額との比率です。

$$資本利益率（\%）= \frac{利益}{資本} \times 100$$

分子の利益額としてどのような利益を用いるか、また分母の資本額としてどのような資本を用いるかにより、さまざまな資本利益率が算定できます。

資本としては、以下の図で示すように総資本、経営資本、自己資本、資本金などがあげられます。

貸借対照表

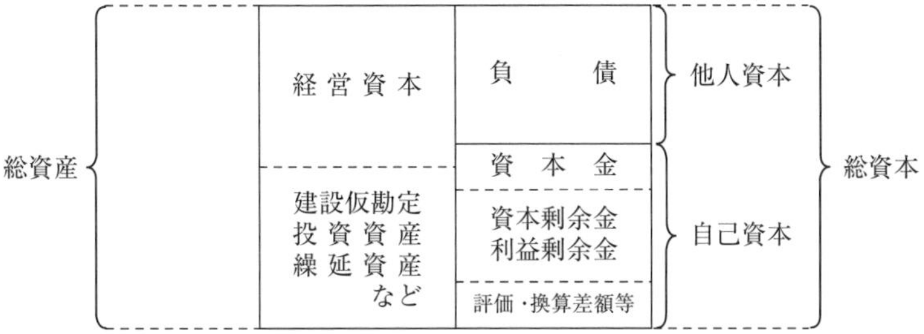

利益の種類としては、完成工事総利益、営業利益、経常利益、事業利益、税引前当期純利益、当期純利益などがあります。

これらの資本と利益の組み合わせにより、多様な資本利益率が算定されます。このとき、いずれの資本利益率が選択されるかは収益性分析の目的をどこにおくかにより決定されます。

解答 38

	1	2	3	4	5	6
記号（ア～セ）	ク	ア	ス	エ	ケ	カ

解説

自己資本利益率は、自己資本に対する利益の比率であり、株主に対する企業の貢献度を表しています。

ここで用いられる利益としては、解答に示したように当期純利益を用いることが適切です。

自己資本利益率は次のように分解できます。

$$
\begin{aligned}
\text{自己資本利益率} &= \text{自己資本回転率} \times \text{完成工事高利益率} \\
&= \frac{\text{完成工事高}}{\text{自己資本}} \times \frac{\text{利益}}{\text{完成工事高}}
\end{aligned}
$$

また、自己資本比率は総資本に対する自己資本の比率であり、次の式で表すことができます。

$$\text{自己資本比率（\%）} = \frac{\text{自己資本}}{\text{総資本}} \times 100$$

上記の2つの式をみるとわかるように、自己資本の大小は自己資本回転率や自己資本比率といったさまざまな指標に影響を与えます。

自己資本利益率の分析は複雑なものであるため、他人資本利子率や資本構成の影響なども考慮する必要があります。

解答 39

	1	2	3	4	5	6
記号（ア～サ）	サ	ケ	ウ	キ	コ	オ

解説

資本利益率は、収益性分析において重要なものであり、企業の総合的な収益力を表す指標です。資本利益率を資本回転率と完成工事高利益率に分解することによって、より有効な分析を行うことができます。

解答 40

	1	2	3	4	5	6	7
記号 （ア～チ）	エ	ウ	ソ	コ	サ	タ	ク

解説

回転率とは、一定期間に各資産や資本などが新旧何回入れ替わったかを表すものであり、各項目の利用度を明らかにする指標です。

本問は、回転率のうち、資本の利用度をみる資本回転率について説明を求めたものです。資本回転率の種類としては、対象とする資本の種類により、総資本回転率、経営資本回転率、自己資本回転率などがあげられます。これらの内容については解答に示したとおりなので確認しておいてください。

なお、これらの比率はその値が高いほど各資本が効率的に使われたことを表します。

［参考］自己資本回転率の注意点

自己資本回転率については、その値が過度に高いときは注意が必要です。この場合には、自己資本に対して完成工事高が過大であり、営業過多の状態といえます。よって、自己資本回転率を用いた分析を行う場合には、自己資本比率とあわせて判断を行う必要があります。両比率間には、自己資本比率が低下すると自己資本回転率が上昇するという関係があります。

解答 41

(1) 0.93 回　(2) 7.89 回　(3) 1.92 回

(4) 3.44 月　(5) 2.92 月

解説

各比率は次のように求めることができます。

(1) 総資本回転率

$$\frac{\text{完成工事高}}{\text{総資本}}=\frac{180{,}000\text{千円}}{194{,}400\text{千円}}\fallingdotseq 0.93\text{回}$$

(2) 固定資産回転率

$$\frac{\text{完成工事高}}{\text{固定資産}}=\frac{180{,}000\text{千円}}{22{,}800\text{千円}}\fallingdotseq 7.89\text{回}$$

(3) 棚卸資産回転率

$$\frac{\text{完成工事高}}{\text{棚卸資産}}=\frac{180{,}000\text{千円}}{91{,}800\text{千円}+1{,}800\text{千円}}\fallingdotseq 1.92\text{回}$$

(4) 受取勘定回転期間

$$\frac{\text{受取手形}+\text{完成工事未収入金}}{\text{完成工事高}\div 12}=\frac{7{,}800\text{千円}+43{,}800\text{千円}}{180{,}000\text{千円}\div 12}=3.44\text{月}$$

(5) 支払勘定回転期間

$$\frac{\text{支払手形}+\text{工事未払金}}{\text{完成工事高}\div 12}=\frac{13{,}800\text{千円}+30{,}000\text{千円}}{180{,}000\text{千円}\div 12}=2.92\text{月}$$

解答 42

	1	2	3	4	5	6
記号 （ア〜ク）	イ	ウ	ウ	ウ	エ	オ

解説

回転率と回転期間は互いに逆数の関係にあり、一方が求められれば他方も容易に求めることができます。ここで注意しなければならないことは、資産や資本ならば回転率が高いこと、または回転期間ならばそれが短いことが効率的に利用されているということです。本問では、文章中に回転率と回転期間が混在しているため、間違えないように注意してください。

各比率の求め方は次に示したとおりです。

第20期

$$総資本回転率(回)=\frac{180,000千円}{468,000千円}\fallingdotseq 0.38回$$

$$固定資産回転期間(月)=\frac{39,000千円}{180,000千円\div 12}=2.6月$$

$$支払勘定回転期間(月)=\frac{10,800千円}{180,000千円\div 12}=0.72月$$

$$受取勘定回転率(回)=\frac{180,000千円}{60,000千円}=3回$$

$$未成工事支出金回転率(回)=\frac{180,000千円}{36,000千円}=5回$$

第21期

$$総資本回転率(回)=\frac{192,000千円}{528,000千円}\fallingdotseq 0.36回$$

$$固定資産回転期間(月)=\frac{40,800千円}{192,000千円\div 12}=2.55月$$

$$支払勘定回転期間(月)=\frac{12,000千円}{192,000千円\div 12}=0.75月$$

$$受取勘定回転率(回)=\frac{192,000千円}{51,000千円}\fallingdotseq 3.76回$$

$$未成工事支出金回転率(回)=\frac{192,000千円}{47,400千円}\fallingdotseq 4.05回$$

ここで回転率と回転期間について「互いに逆数の関係にある」とは、

$$回転期間（月）=12\times\frac{1}{回転率}$$

となるということです。すなわち、回転率とは1年間に何回転するかを意味するので、12カ月で回転率分だけ回転した場合、1回転するのに要する期間を求め、それを回転期間とします。

なお、本問においては総資本回転率は悪化しています。総資本回転率は、各資産の回転率の影響を受けることから、それらを求める必要があります。固定資産については、回転期間が短くなっていること、受取勘定については回転率が高くなっていることから、総資本回転率の悪化の原因にはなっていないことがわかります。また、負債については総資本回転率の変動に対して直接的な原因とはならないので、支払勘定については考慮する必要がありません。残りは未成工事支出金ということになりますが、この回転率は低下しています。

よって、本問の資料からわかることとして、総資本回転率の悪化の原因は未成工事支出金回転率が低下したことによると考えられます。

解答 43

A　部　門　6.0 月

B　部　門　3.6 月

C　部　門　4.8 月

会社全体　4.9 月

解説

まず各部門の回転期間を求めます。

$$A部門の回転期間=\frac{420{,}000千円}{840{,}000千円\div 12}=6.0月$$

$$B部門の回転期間=\frac{180{,}000千円}{600{,}000千円\div 12}=3.6月$$

$$C部門の回転期間=\frac{288{,}000千円}{720{,}000千円\div 12}=4.8月$$

$$会社全体の回転期間=\frac{420{,}000千円+180{,}000千円+288{,}000千円}{(840{,}000千円+600{,}000千円+720{,}000千円)\div 12}\fallingdotseq 4.9月$$

解答 44

(1)　完成工事高営業利益率　3.2 %

(2)　経営資本営業利益率　4.2 %

解説

本問は、資本利益率が完成工事高利益率と資本回転率の積として表されることを理解していれば容易に解ける問題です。

各資本利益率は次のように分解できます。

①総資本営業利益率＝完成工事高営業利益率×総資本回転率

②経営資本営業利益率＝完成工事高営業利益率×経営資本回転率

①の式に与えられた数値を代入すると、

$$完成工事高営業利益率 = \frac{4.0}{1.25} = 3.2\%$$

②より

$$経営資本営業利益率 = 3.2 \times 1.3 \fallingdotseq 4.2\%$$

解答 45

	1	2	3	4	5
記号 （ア～ク）	ア	オ	エ	ウ	イ

解説

労働生産性は１人あたりの付加価値であり、企業の生産性を分析するために重要な指標です。労働生産性にはいくつかの分解方法がありますが、次に示すので確認してください。

(1) 完成工事高を用いた分解

$$\frac{\text{付加価値}}{\text{総職員数}} = \frac{\text{完成工事高}}{\text{総職員数}} \times \frac{\text{付加価値}}{\text{完成工事高}}$$

（労働生産性）＝（職員１人あたり完成工事高）×（付加価値率）

(2) 有形固定資産を用いた分解

$$\frac{\text{付加価値}}{\text{総職員数}} = \frac{\text{有形固定資産}}{\text{総職員数}} \times \frac{\text{付加価値}}{\text{有形固定資産}}$$

（労働生産性）＝（労働装備率）×（設備投資効率）

(3) 完成工事高および有形固定資産を用いた分解

$$\frac{\text{付加価値}}{\text{総職員数}} = \frac{\text{有形固定資産}}{\text{総職員数}} \times \frac{\text{完成工事高}}{\text{有形固定資産}} \times \frac{\text{付加価値}}{\text{完成工事高}}$$

（労働生産性）＝（労働装備率）×（有形固定資産回転率）×（付加価値率）

解答 46

	1	2	3	4	5	6
記号 （ア～シ）	ケ	サ	シ	カ	イ	ウ

解説

企業がその活動を続けていくためには、生産性を高めることが必要です。生産性を高める要因としては次のものがあげられます。

(1) 完成工事高の増加をはかること
(2) 総職員数の減少をはかること
(3) 有形固定資産の増加をはかること
(4) 付加価値率を高めること

これらの要因は、労働生産性の分解式を記憶しておけば理解しやすいです。

解答 47

① 100　② a　③ 188　④ 53.1
⑤ 196　⑥ a　⑦ a

解説

生産要素と付加価値の対応関係をみる場合には、次の図を用いるとわかりやすいです。

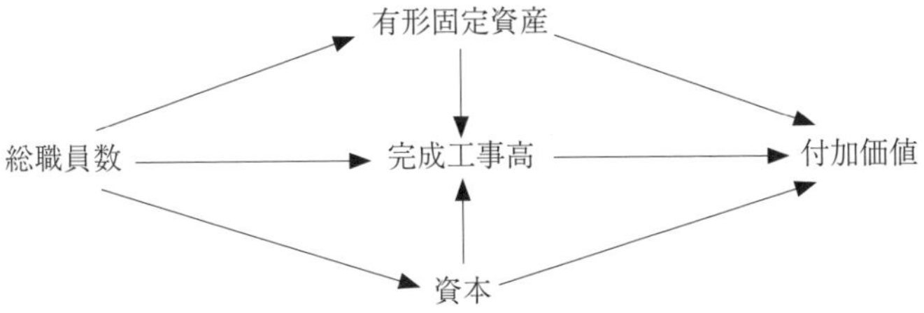

具体的には、矢印の元の部分を分母とし、矢印の先の部分を分子とします。労働生産性であれば、

$$\text{労働生産性} = \frac{\text{付加価値}}{\text{総職員数}} = \underset{\text{（職員1人あたり完成工事高）}}{\frac{\text{完成工事高}}{\text{総職員数}}} \times \underset{\text{（付加価値率）}}{\frac{\text{付加価値}}{\text{完成工事高}}}$$

$$= \underset{\text{（労働装備率）}}{\frac{\text{有形固定資産}}{\text{総職員数}}} \times \underset{\text{（有形固定資産回転率）}}{\frac{\text{完成工事高}}{\text{有形固定資産}}} \times \underset{\text{（付加価値率）}}{\frac{\text{付加価値}}{\text{完成工事高}}}$$

と示すことができます。

以下に具体的な計算過程を示します。

① $\frac{\text{付加価値}}{\text{総職員数}} = \frac{71{,}940\text{百万円}}{720\text{人}} \fallingdotseq 100\text{百万円}$

③ $\frac{\text{完成工事高}}{\text{総職員数}} = \frac{135{,}414\text{百万円}}{720\text{人}} \fallingdotseq 188\text{百万円}$

④ $\frac{\text{付加価値}}{\text{完成工事高}} \times 100 = \frac{71{,}940\text{百万円}}{135{,}414\text{百万円}} \times 100 \fallingdotseq 53.1\%$

⑤ $\frac{\text{有形固定資産}}{\text{総職員数}} = \frac{141{,}348\text{百万円}}{720\text{人}} \fallingdotseq 196\text{百万円}$

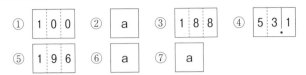

解答 48

(1) 職員1人あたり完成工事高	64.6	千円
(2) 労働生産性	24.8	千円
(3) 資本集約度	49.2	千円
(4) 労働装備率	2.7	千円
(5) 設備投資効率	921.1	%

解説

(1)〜(5)の諸比率は、すべて期中平均値を使用すべき比率であり、総職員数、有形固定資産、総資産などを平均していくことになります。

(1) 職員1人あたり完成工事高

$$\frac{252{,}000\text{千円}}{(3{,}840\text{人}+3{,}960\text{人})\div 2} \fallingdotseq 64.6\text{千円}$$

(2) 労働生産性

$$\frac{252{,}000\text{千円}-(64{,}800\text{千円}+18{,}300\text{千円}+72{,}180\text{千円})}{(3{,}840\text{人}+3{,}960\text{人})\div 2} = 24.8\text{千円}$$

(3) 資本集約度

$$\frac{(180{,}000\text{千円}+204{,}000\text{千円})\div 2}{(3{,}840\text{人}+3{,}960\text{人})\div 2} \fallingdotseq 49.2\text{千円}$$

(4) 労働装備率

$$\frac{(10{,}440\text{千円}+10{,}560\text{千円})\div 2}{(3{,}840\text{人}+3{,}960\text{人})\div 2} \fallingdotseq 2.7\text{千円}$$

(5) 設備投資効率

$$\frac{96{,}720\text{千円}}{(10{,}440\text{千円}+10{,}560\text{千円})\div 2} \times 100 \fallingdotseq 921.1\%$$

＊ 付加価値：252,000千円 − 64,800千円 − 18,300千円 − 72,180千円 = 96,720千円

解答 49

1. 522576　　2. 8　　3. 22

4. 付加価値率　　5. 労働装備率　　6. 設備投資効率

7. 24　　8. 34.2　　9. 5

10. 166.7

解説

A社の付加価値

1,352,730百万円－（480,288百万円＋264,672百万円＋145,380百万円）＝462,390百万円

B社の付加価値

924,762百万円－（261,942百万円＋88,434百万円＋51,810百万円）＝522,576百万円

A社の労働生産性

462,390百万円÷57,000人≒8百万円

B社の労働生産性

522,576百万円÷24,000人≒22百万円

A社の職員1人あたり完成工事高

1,352,730百万円÷57,000人≒24百万円

B社の職員1人あたり完成工事高

924,762百万円÷24,000人≒39百万円

A社の付加価値率

$$\frac{462{,}390\text{百万円}}{1{,}352{,}730\text{百万円}} \times 100 \fallingdotseq 34.2\%$$

B社の付加価値率

$$\frac{522{,}576\text{百万円}}{924{,}762\text{百万円}} \times 100 \fallingdotseq 56.5\%$$

A社の労働装備率

277,440百万円÷57,000人≒5百万円

B社の労働装備率

635,130百万円÷24,000人≒26百万円

A社の設備投資効率

$$\frac{462{,}390\text{百万円}}{277{,}440\text{百万円}} \times 100 \fallingdotseq 166.7\%$$

B社の設備投資効率

$$\frac{522{,}576\text{百万円}}{635{,}130\text{百万円}} \times 100 \fallingdotseq 82.3\%$$

労働生産性は次のように分解できます。

労働生産性＝職員１人あたり完成工事高×付加価値率
　　　　　＝労働装備率×設備投資効率

解答 50

付加価値率	25.5	%	（小数点以下第２位を四捨五入する）
職員１人あたり完成工事高	63861	千円	（千円未満切り捨て）
労働装備率	4487	千円	（　同　上　）
設備投資効率	363.4	%	（小数点以下第２位を四捨五入する）

解説

労働生産性とは職員１人あたりの付加価値を表し、生産性を検討する上で最も基本となる比率であり、企業の人的効率性の程度を表すものです。

生産性の分析においては、この労働生産性を分解していくことがあります。分解の方法は次のとおりです。

労働生産性＝付加価値率×職員１人あたり完成工事高
　　　　　＝労働装備率×設備投資効率
　　　　　＝労働装備率×有形固定資産回転率×付加価値率

本問においては、上の２つの式について各要素の算定を求めました。ここで、各要素の内容を簡単にみてみましょう。

付加価値率とは、完成工事高に対する付加価値の割合であり、企業の加工の程度を表す指標です。設備投資効率とは資本生産性ともいい、稼働中の有形固定資産がどの程度付加価値の産出に貢献しているかを表しています。労働装備率とは、職員１人あたりの有形固定資産額を表しています。また、有形固定資産回転率は、有形固定資産の利用度を表す指標です。

このように労働生産性を各要素に分解することにより、生産性の向上の方法について検討を行うことが可能になります。

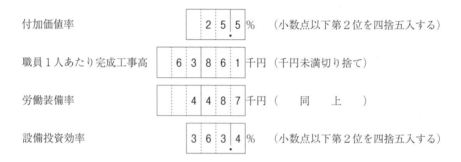

各比率の計算は次のとおりです。

付加価値＝74,718,000千円－15,669,048千円－8,677,470千円－31,292,880千円＝19,078,602千円

付加価値率（%） ＝ $\dfrac{19{,}078{,}602\text{千円}}{74{,}718{,}000\text{千円}} \times 100 \fallingdotseq 25.5\%$

職員１人あたり完成工事高 ＝ $\dfrac{74{,}718{,}000\text{千円}}{1{,}170\text{人}} \fallingdotseq 63{,}861\text{千円}$

労働装備率＝ $\dfrac{5{,}250{,}000\text{千円}}{1{,}170\text{人}} \fallingdotseq 4{,}487\text{千円}$

設備投資効率（%） ＝ $\dfrac{19{,}078{,}602\text{千円}}{5{,}250{,}000\text{千円}} \times 100 \fallingdotseq 363.4\%$

［参考］生産性の向上方法

① 完成工事高の増加を図ること

通常、完成工事高の増加は利益を高めるだけではなく、付加価値も増加させます。

② 総職員数の減少を図ること

付加価値額が同じならば、総職員数が少ないほど生産性は向上することになります。

③ 有形固定資産の増加を図ること

有形固定資産の増加は、一般に完成工事高の増大をもたらし生産性を高めることになります。ただし、有形固定資産の増大が減価償却費の過大負担となり、その資金調達の利子負担も過大となる場合には、生産性の阻害にもつながるので注意が必要です。

④ 付加価値率を高めること

完成工事高の増加が期待し難い場合には、経費の削減や販売価格の引下げによる販売量の増加などにより付加価値率を高め、生産性を向上させることが考えられます。

解答 51

	1	2	3	4	5
記号（ア～カ）	ア	イ	オ	カ	エ

解説

成長性分析とは、企業が成長しているか否か、どれほど成長しているか、いかなる要因で成長しているかを分析することです。

建設業の成長性の指標としては、本問で示した完成工事高増減率、経常利益増減率、総資本増減率、付加価値増減率、自己資本増減率などがあげられます。

解答 52

	1	2	3
記号 （ア～カ）	イ	ア	オ

解説

成長性分析とは、企業の成長の程度およびその要因について分析を行うことであり、2会計期間以上のデータを比較することに特徴があります。

成長性を表す中心的指標である増減率には次のようなものがあります。

1．完成工事高増減率

$$完成工事高増減率（\%）=\frac{当期完成工事高-前期完成工事高}{前期完成工事高}\times 100$$

前期に対する当期の完成工事高の増減を表す指標であり、企業成長の基本的指標として重視されます。

2．付加価値増減率

$$付加価値増減率（\%）=\frac{当期付加価値-前期付加価値}{前期付加価値}\times 100$$

付加価値の増減の程度を表す指標であり、他企業と生産性に関する比較分析を行う場合に有効な比率です。

3．営業利益増減率

$$営業利益増減率（\%）=\frac{当期営業利益-前期営業利益}{前期営業利益}\times 100$$

営業利益の増減の程度を表す指標です。

4．経常利益増減率

$$経常利益増減率（\%）=\frac{当期経常利益-前期経常利益}{前期経常利益}\times 100$$

経常利益の増減の程度を表す指標であり、企業の経営政策の是非を論じる場合に有効な比率です。

5．総資本増減率

$$総資本増減率（\%）=\frac{当期末総資本-前期末総資本}{前期末総資本}\times 100$$

総資本の増減の程度を表す指標であり、企業の成長性の総合的判定のために有効な比率です。しかし、総資本の増加が必ずしも良いとは限らないため、他の比率分析とのバランスを考慮する必要があります。

6．自己資本増減率

$$自己資本増減率（\%）=\frac{当期末自己資本-前期末自己資本}{前期末自己資本}\times 100$$

自己資本の増減の程度を表す指標であり、一般的には企業の経営基盤の安定性を表す比率です。

解答 53

(1) 18.6 %　(2) 252.5 %　(3) 15.5 %

(4) 19.3 %　(5) 8.4 %

解説

諸比率の計算は次のとおりです。

(1) 完成工事高増減率

$$\frac{249{,}000\text{千円}-210{,}000\text{千円}}{210{,}000\text{千円}}\times 100 \fallingdotseq 18.6\%$$

(2) 経常利益増減率

本問においては、特別損益がないため税引前当期純利益の金額は経常利益の金額と同じです。この点に注意して比率を求めます。

$$\frac{2{,}538\text{千円}-720\text{千円}}{720\text{千円}}\times 100 = 252.5\%$$

(3) 総資本増減率

$$\frac{207{,}630\text{千円}-179{,}838\text{千円}}{179{,}838\text{千円}}\times 100 \fallingdotseq 15.5\%$$

(4) 付加価値増減率

第9期の付加価値＝210,000千円－(64,470千円＋11,700千円＋100,470千円)＝33,360千円

第10期の付加価値＝249,000千円－(78,024千円＋12,180千円＋119,004千円)＝39,792千円

$$\frac{39{,}792\text{千円}-33{,}360\text{千円}}{33{,}360\text{千円}}\times 100 \fallingdotseq 19.3\%$$

(5) 自己資本増減率

$$\frac{33{,}366\text{千円}-30{,}792\text{千円}}{30{,}792\text{千円}}\times 100 \fallingdotseq 8.4\%$$

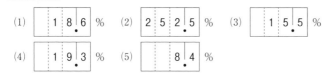

解答 54

〔問１〕

実数分析とは、財務諸表項目などの会計データやその他のデータの実数を、そのまま分析の対象とすることにより、企業の財政状態および経営成績を分析する方法である。（100字以内）

〔問２〕

実数分析の限界としては、企業規模が異なる企業間の比較を行う場合には常に有効な方法とは限らないことである。企業規模が異なる場合には、運用資本の大小により稼得される利益額も変わるはずであり、利益額という実数で収益額の優劣を判断することは不合理といえるからである。（150字以内）

〔問３〕

分析としては、単純実数分析、比較増減分析、関数均衡分析があげられる。単純実数分析とは、データの実数そのものを分析するものである。比較増減分析とは、二期間以上にわたるデータを対比して差額を求め、その増減の原因分析を行うものである。関数均衡分析とは、資本・収益・費用などの個々のデータ相互間の均衡点または分岐点を図表や算式を使って算出し、利益管理や資金管理に活用する手法であり、損益分岐点分析に代表される方法である。（250字以内）

解説

実数分析とは、企業の財務諸表の各項目の増減を期間比較などを行うことにより、財政状態および経営成績を分析する方法であり、財務諸表項目の実数そのものが分析の対象となります。

実数分析の限界については、規模が異なる企業間の比較における問題点を指摘します。一般に企業が大きくなれば運用資本も大きくなり、稼得される利益額もそれにみあった額になるはずです。それに対し規模が小さい企業の場合には、大規模企業に比べ利益額は小さくなることが普通です。これらのことを考慮せずに、単に利益額という実数のみにより企業の収益性を判定することは無意味といえます。ここに実数分析の限界がありますが、これを補うものとして比率分析などがあげられます。

なお、実数分析は同一の企業の期間比較には有効な方法といえますが、場合によってはそうではないこともありえます。それは、急激な成長などにより企業の規模が大きく変化した場合などであり、そのようなときは規模の変化の影響を十分に考慮して分析を行わなければなりません。

実数分析には、単純実数分析、比較増減分析、関数均衡分析があります。

単純実数分析は、データの実数そのものを分析の対象とするもので、これには控除法と切下法などがあります。控除法は、関係する２項目の差額を求め、その適否を検討する方法であり、正味運転資本、限界利益、付加価値の計算などが代表的です。切下法は、企業の清算価値的な発想のもとに、資産の財産換金価値を切下げの具体的な指標として評価する方法です。

比較増減分析は、２期間以上のデータを対比して差額を求め、その増減の原因分析をする方法であり、利益増減分析や資金増減分析が代表的です。

関数均衡分析は、資本、収益、費用などの個々のデータ相互間の均衡点や分岐点を図表や算式により計算し、利益管理や資金管理に活用する方法です。具体例としては損益分岐点分析や資本回収点分析があげられます。

- 実数分析
  - 単純実数分析
    - 控除法
    - 切下法　など
  - 比較増減分析
    - 利益増減分析
    - 資金増減分析　など
  - 関数均衡分析
    - 損益分岐点分析
    - 資本回収点分析　など

解答 55

〔問１〕

比率分析とは、財務諸表などの資料から相互に関連するデータ間の割合を示す比率を計算し、企業の財務内容を分析する方法である。（80字以内）

〔問２〕

比率分析には、構成比率分析、関係比率分析、趨勢比率分析がある。

構成比率分析とは、全体数値の中に占める構成要素の数値の比率を算出し、その内容を分析する方法である。

関係比率分析とは、相互に関連のある項目間の比率である関係比率を用いて、企業の内容を分析する方法である。

趨勢比率分析とは、ある年度を基準年度とし、その後の年度の財務諸表の数値を基準年度に対する百分比として示し、当該項目の趨勢を分析する方法である。

（220字以内）

〔問３〕

比率分析の長所としては、企業規模が異なる場合でも比較を可能にすることがあげられる。その反面、短所としては比較する企業の業種や会計処理の基準が同一でなければ比較可能性が弱まり、分析を有効に行うことができない点があげられる。

（120字以内）

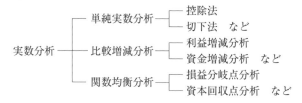

解説

比率分析（比率法）とは、財務諸表などの資料から各種の比率を求め、これらの比率により企業の内容を分析する方法です。このなかには、構成比率分析、関係比率分析、趨勢比率分析があります。

構成比率分析とは、全体数値の中に占める構成要素の数値の比率を計算し、その内容を分析する方法であり、百分率法ともよばれます。その例としては、百分率損益計算書、百分率貸借対照表、百分率製造原価報告書などがあります。

関係比率分析（特殊比率分析）とは、相互に関連する項目間の比率である関係比率（特殊比率）を用いて、企業の状況を分析する方法です。一般的に用いられる関係比率と企業の収益性、流動性、健全性、活動性、生産性との関連を体系的に表すと、次のようになります。

① 収益性…総資本経常利益率、完成工事高経常利益率、損益分岐点比率など
② 流動性…流動比率、当座比率、運転資本保有月数など
③ 健全性…自己資本比率、固定負債比率、固定比率など
④ 活動性…経営資本回転率、固定資産回転率、受取勘定回転率など
⑤ 生産性…職員１人あたり完成工事高、労働生産性、資本集約度など

趨勢比率分析とは、指数分析または指数法とも呼ばれ、ある任意の年度を基準年度とし、その項目の数値を100とし、その後の年度を基準年度に対する百分率として示し、当該項目の趨勢を分析するものです。

解答 56

〔問１〕

関係比率分析とは、財務諸表などの資料から相互に関連のある２項目間の比率である関係比率を用いて、企業の財務内容を分析する方法である。　(80字以内)

〔問２〕

関係比率分析の長所としては、企業規模が異なる場合でも比較を可能にすることがあげられる。その反面、短所としては比較する企業の業種や会計処理の基準が同一でなければ標準比率との比較可能性が弱まり、分析を有効に行うことができない点があげられる。　(150字以内)

解説

比率分析とは、財務諸表などの資料から各種の比率を求め、これらの比率により企業の内容を分析する方法です。このなかには、構成比率分析、趨勢比率分析、そして本問でとりあげた関係比率分析があります。

一般に比率による分析は、企業の規模が異なる場合でも比較を可能にするという利点があります。比率の良否を判断するためには、なんらかの客観的な基準と比較・検討することが必要です。この客観的な基準となる比率を標準比率といい、通常、同一産業内に属する多数の企業の実際値を平均化することにより求められます。そして、この標準比率を用いて、それとの比較・観察により特定企業の内容を分析する手法のことを標準比率分析といいます。この標準比率分析の問題点としては、産業分類が困難であること、会計処理基準の多様性により標準比率の比較性が弱まることなどがあげられます。

関係比率分析の短所としては、標準比率分析の短所でもある標準比率との比較可能性に関する問題点をあげます。

解答 57

〔問1〕

構成比率分析とは、財務諸表を用いて分析を行う場合に、構成部分の数値とそれを含む全体の数値との関係により、財務内容の状態を分析する方法である。
(80字以内)

〔問2〕

適用例としては、損益計算書の完成工事高を100として損益項目の百分比を求める百分率損益計算書、総資本額の百分比で示した百分率貸借対照表、当期完成工事原価の百分比で示した百分率完成工事原価報告書などがあげられる。

長所としては、数字が百分比で示されるため企業の状態を把握しやすいこと、また、期間比較や企業間比較が容易であることなどがあげられる。 (200字以内)

解説

実数分析が実数に基づいて分析を行うのに対し、比率分析は、比率をもとに分析を行っていく方法です。この中には、関係比率分析（特殊比率分析）、構成比率分析、趨勢比率分析が含まれます。

比率分析一般にあてはまる長所として、比率を用いるため規模の問題をある程度回避でき、企業間比較を行いやすいことがあげられます。

なお、百分率損益計算書、百分率貸借対照表などについては、姉妹書である「スッキリわかる建設業経理士１級　財務分析」にその例を示してあるので確認してください。

解答 58

〔問１〕

趨勢比率分析とは、ある年度を基準年度とし、その後の年度における同一項目の財務数値を、これに対する百分比として分析する方法である。種類としては、趨勢比率を算定する際に基準年度を固定する固定基準法と、前年度を基準年度としてこれに対する当年度の比率を算定する移動基準法がある。（160字以内）

〔問２〕

長所は、数期間の数値を観察することにより、企業の業績の動向を容易に把握することができることや、比率の算定が簡単であることがあげられる。 短所は、現在の財政状態や経営成績の問題点が明確になりにくいこと、および基準年度のとりかたによっては経営成績の動向を把握することが困難になることなどがあげられる。（160字以内）

解説

趨勢比率分析も比率分析の一つです。

問2の解答の「基準年度のとりかたによっては経営成績の動向を把握することが困難になること」について補足します。たとえば経営成績のきわめて良いときを基準年度にすると、次期以降の経営成績が良くないという印象を与えかねません。したがって、このような欠点を回避するために、過去における特定年度の平均値を基準値とすることが必要です。

また、趨勢比率分析により企業業績の動向を観察するためには、グラフを利用すると便利です。グラフの形式としては、横軸が算術目盛りで縦軸が対数目盛りの片対数グラフが適しています。このグラフによれば企業規模の異なる場合でも有効な比較を行うことができます。グラフの利用により趨勢比率分析の特色をさらに生かすことが可能となります。

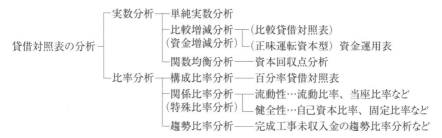

解答 59

> 貸借対照表の分析は実数分析と比率分析に分けることができる。
> 実数分析は、単純実数分析、比較増減分析、関数均衡分析に分けることができる。単純実数分析とは、データの実数をそのまま分析する方法である。比較増減分析とは、複数期間のデータを比較して分析する方法である。関数均衡分析とは、データ相互間の均衡点や分岐点を分析する方法である。
> 比率分析は、構成比率分析、趨勢比率分析、関係比率分析に分けることができる。構成比率分析とは、総資産あるいは総資本を100として各資産・負債・純資産の構成割合を分析する方法である。趨勢比率分析とは、ある基準年度の貸借対照表項目を100としてその項目がどのように変化したかを分析する方法である。関係比率分析とは、貸借対照表の項目相互間の関係を比較して分析する方法である。
> （400字以内）

解説

貸借対照表の分析とは、貸借対照表の構造分析を行うことにより企業の財務健全性を分析するものです。貸借対照表の分析には次のようなものがあります。

- 貸借対照表の分析
  - 実数分析
    - 単純実数分析
    - 比較増減分析（資金増減分析）
      - （比較貸借対照表）
      - （正味運転資本型）資金運用表
    - 関数均衡分析——資本回収点分析
  - 比率分析
    - 構成比率分析——百分率貸借対照表
    - 関係比率分析（特殊比率分析）
      - 流動性…流動比率、当座比率など
      - 健全性…自己資本比率、固定比率など
    - 趨勢比率分析——完成工事未収入金の趨勢比率分析など

この種類を見てわかるように、まず実数分析と比率分析に大別されます。さらに比率分析は、構成比率分析、趨勢比率分析、そして関係比率分析（特殊比率分析）に分けられます。これらは財務分析の手法として出てきたものばかりです。つまり、貸借対照表の分析だからといって、新たな分析方法があるのではなく、貸借対照表を対象とした財務分析手法について説明していけばよいのです。このことは損益計算書の分析においてもいえることなので、それらを関連づけて理解することが有効な学習方法といえます。

以下において、実数分析について説明します。企業の財務健全性をみる場合、比率分析を用いて各種比率を分析することは重要なことです。しかし、ここで注意しなければいけないことは、資産などはある一定の評価基準に基づいて評価されたものであるという点です。そのため、貸借対照表を分析する場合には、対象企業の各勘定科目がどのように評価されたものであるか、それらの内容について注意しなければなりません。また、企業間比較を行う場合にも、評価・処理方法が異なると有効な分析を行うことができなくなります。これらのことから、実数による分析を行うことは重要であるといえます。

しかし、企業の外部の分析者が実数分析を行うことはかなり難しいといえます。なぜならば、実数分析を行うための必要なデータは、公表されているものだけでは不十分だからです。

解答 60

> 損益計算書の実数分析としては、単純実数分析、比較増減分析、関数均衡分析があげられる。単純実数分析とは一定時点における損益計算書項目について、その金額と内容を分析することである。比較増減分析とは二期間以上にわたる一企業の財務諸表項目を比較損益計算書や利益増減分析表を用いて比較・分析し、その増減の原因を明らかにすることである。関数均衡分析とは、企業の総収益と総費用とが一致する均衡点を分析する損益分岐点分析に代表される方法である。
>
> (250字以内)

解説

損益計算書の分析の種類としては以下のものがあげられます。

- 損益計算書の分析
  - 実数分析
    - 単純実数分析
    - 比較増減分析(利益増減分析)
      - 比較損益計算書
      - 利益増減分析表
    - 関数均衡分析——損益分岐点分析
  - 比率分析
    - 構成比率分析——百分率損益計算書
    - 関係比率分析(特殊比率分析)——収益性…資本利益率、完成工事高利益率など
    - 趨勢比率分析——趨勢損益計算書、完成工事高の趨勢比率分析など

損益計算書の実数分析は、単純実数分析、比較増減分析(利益増減分析)、関数均衡分析の3つに大別されます。

単純実数分析とは、一定時点における損益計算書項目の量的分析を意味しており、さらに関係諸項目を比較することにより利益の稼得内容を明らかにすることができます。しかし、この方法は一定時点のみを対象にしていることから企業の動的な活動状況を把握することはできません。そこで用いられる方法が比較増減分析(利益増減分析)です。

比較増減分析(利益増減分析)とは、2期間以上にわたる1企業の財務諸表の各項目を比較することにより、その増減および原因を分析する方法であり、企業活動の動的な状態を把握することができます。比較増減分析(利益増減分析)においては比較損益計算書が作成され、利益増減分析表により利益の増減の原因が分析されます。

関数均衡分析の代表としては損益分岐点分析があげられます。損益分岐点分析により、企業の収益、費用および利益の関係を明らかにすることができ、利益管理ならびに利益計画設定に有用な情報を得ることができます。

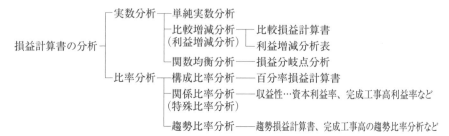

解答 61

〔問１〕

百分率キャッシュ・フロー計算書

〔問２〕

構成比率分析の１つである百分率キャッシュ・フロー計算書とは、営業活動による収入を百パーセントとし、他の項目をこれに対する割合で示したものである。（80字以内）

〔問３〕

構成比率分析は、共通の尺度を用いることができるため、企業間の比較や、同一企業の期間比較を行う場合に有効な方法である。（80字以内）

解説

一般的に実数分析では、規模の異なる企業の分析を有効に行うことができません。なぜなら、規模の大きな企業では、多額の資本を投下するので獲得される利益額も大きくなり、同様に小規模の企業では利益額も小さくなるからです。この場合、単に成果としての利益額を比較することに意味がありません。

これに対し、比率分析では、規模の影響を排除することができるため、規模が異なる企業間の比較も可能となります。

なお、この特徴は、比率分析全体にいえることであり、構成比率分析だけの特徴ではないことをつけ加えておきます。

解答 62

〔問１〕

項　　目	T　社		S　社	
	実数(千円)	百分率(%)	実数(千円)	百分率(%)
営業活動による収入	(114,000)	(100.00)	(235,200)	(100.00)
営業活動による支出	(-84,000)	(-73.68)	(-205,200)	(-87.24)
営業活動によるキャッシュ・フロー	(30,000)	(26.32)	(30,000)	(12.76)
投資活動による収入	(7,500)	(6.58)	(23,100)	(9.82)
投資活動による支出	(-54,300)	(-47.63)	(-78,300)	(-33.29)
投資活動によるキャッシュ・フロー	(-46,800)	(-41.05)	(-55,200)	(-23.47)
財務活動による収入	(30,600)	(26.84)	(69,600)	(29.59)
財務活動による支出	(-7,800)	(-6.84)	(-38,400)	(-16.33)
財務活動によるキャッシュ・フロー	(22,800)	(20.00)	(31,200)	(13.27)
現金及び現金同等物に係る換算差額	(4,200)	(3.68)	(9,000)	(3.83)
現金及び現金同等物の増加額	(10,200)	(8.95)	(15,000)	(6.38)

〔問２〕

記号（ア～コ）	1	2	3	4	5	6	7	8	9	10
	キ	ク	ウ	ク	イ	ク	エ	キ	ク	オ
	11	12	13							
	キ	ク	ケ							

解説

〔問１、２〕

営業活動による収入の金額から、S社の方がT社より企業規模が大きいことが分かります。これに対し、営業活動によるキャッシュ・フローの百分率は、T社が26.32%であるのに対しS社は12.76%であり、約2.06倍（26.32÷12.76）になっています。投資活動によるキャッシュ・フローについても、その割合はT社の方が大きく約1.75倍（41.05÷23.47）です。このことからT社では、営業活動によるキャッシュ・フローが多く、将来に向けての投資活動が積極的であることが判りますが、投資活動によるキャッシュ・フローが営業活動によるキャッシュ・フローを上回るため、不足するキャッシュを資金調達しているといえます。

解答 63

〔問１〕

> 指数法とは、標準状態にある指数を100とし、分析対象の指数が100を上回るか否かにより、企業の経営状態を総合的に評価する方法である。（80字以内）

〔問２〕

> 長所としては、経営の評価が明確になされ、標準比率との関係で企業間比較が可能になる点があげられる。
> 短所としては、比率の選択やウェイトの付け方に恣意性が介入する恐れがあり、この場合には適切な経営評価を行うことができなくなる点があげられる。
> （150字以内）

解説

総合評価法は、経営全体の良否を判定するために、各種の比率の計算結果を総合して評価する方法です。この方法にはさまざまなものがありますが、本問はこのうち指数法について説明を求めたものです。

指数法はウォールにより提案されたものであり、作成手順としては、まず分析目的によって数個の比率を選択し、その合計点が100となるようにウェイト付けし、選択した比率についてそれぞれ標準比率を求めます。そして、分析対象企業の財務諸表に基づいて実際比率を算定し、標準比率に対する実際比率の関係値を導きます。その後、関係比率にウェイトを乗じて選択された各比率の評点を求め、その各評点を合計して総点を求めます。このようにして求められた総点が100点を上回っていれば、標準よりも優れていることになり、逆に下回っていれば標準より劣っていることを意味します。

なお、具体的な算定方法については、姉妹書である「スッキリわかる建設業経理士１級　財務分析」に記載してあるので確認してください。

解答 64

〔問１〕

> 内部分析における総合評価の必要性としては、企業の行う経営戦略、経営管理のためには、収益性や健全性などの個々の分析結果ではなく、トータルとしての企業の情報が必要である。よって、これを把握するために総合評価が必要となる。
> （120字以内）

〔問２〕

> 外部分析における総合評価の必要性は、企業のランキング付けと関係がある。株式上場の審査基準や社債の格付けなどは、投資家や債権者の観点から実施される。この格付けも、トータルとしての企業の状況を分析することによりなされるべきであり、そのためには総合評価を行う必要がある。 （150字以内）

解説

内部分析、外部分析は、誰のために分析を実施するかによる区分です。よって内部者、外部者を推定し、個々の収益性分析や健全性分析などと総合評価との関係について答えます。

解答 65

総合評価表

摘要	ウェイト(A)	基準比率(B)	当社比率(C)	対比比率(D)	評価指数(E)
流動比率	25	150.34	108.93	72.46	18.12
固定比率	15	78.88	40.16	50.91	7.64
固定長期適合比率	25	110.24	124.50	112.94	28.24
受取勘定回転率	10	5.29	3.54	66.92	6.69
棚卸資産回転率	10	10.36	6.70	64.67	6.47
固定資産回転率	10	7.38	5.42	73.44	7.34
自己資本回転率	5	15.21	13.50	88.76	4.44
総合評価	100	——	——	——	78.94

（注）対比比率(D)は，百分率で表示する。また，(C)(D)(E)は小数点第３位を四捨五入して記入すること。

解説

まず、選択された各比率を計算します。なお、ここで注意すべきことは、固定比率および固定長期適合比率の計算です。この表は、その値が大きい方が良いと判断するため、固定比率など、その値が小さい方が良いと判断するものは通常の逆数を用いることになります。

・流動比率

$$\frac{45{,}660\text{百万円}-12{,}000\text{百万円}}{42{,}000\text{百万円}-11{,}100\text{百万円}}\times 100 \fallingdotseq 108.93\%$$

・固定比率（通常の逆数を用いる）

$$\frac{6{,}000\text{百万円}}{14{,}940\text{百万円}}\times 100 \fallingdotseq 40.16\%$$

・固定長期適合比率（通常の逆数を用いる）

$$\frac{6{,}000\text{百万円}+12{,}600\text{百万円}}{14{,}940\text{百万円}}\times 100 \fallingdotseq 124.50\%$$

・受取勘定回転率

$$\frac{81{,}000\text{百万円}}{6{,}096\text{百万円}+16{,}812\text{百万円}} \fallingdotseq 3.54\text{回}$$

・棚卸資産回転率

$$\frac{81{,}000\text{百万円}}{12{,}000\text{百万円}+90\text{百万円}} \fallingdotseq 6.70\text{回}$$

・固定資産回転率

$$\frac{81{,}000\text{百万円}}{14{,}940\text{百万円}} \fallingdotseq 5.42\text{回}$$

・自己資本回転率

$$\frac{81{,}000\text{百万円}}{6{,}000\text{百万円}} = 13.50\text{回}$$

これらの数値を当社比率(C)に記入します。次に(C)÷(B)×100を対比比率(D)に記入します。その(D)の値にウェイト(A)をかけることにより評価指数(E)を求めます。評価指数(E)の合計が100を上回っていれば、良好と評価されます。

解答 66

純支払利息比率は、借入金等の有利子負債により生じる支払利息から、貸付金を含めた金融資産から生じる受取利息及び配当金を差し引いた純金利の負担が、売上高に対してどの程度であるかを測るものであり、数値は低いほど望ましいものである。

負債回転期間は、借入金等の有利子負債にかぎらず、無利子負債を含む負債の総額が1カ月あたりの売上高に対してどれくらいかを算定するものであり、数値が低いほど望ましいものである。（200字以内）

解説

経営事項審査の経営状況（Y）の審査項目には、「純支払利息比率」、「負債回転期間」、「総資本売上総利益率」、「売上高経常利益率」、「自己資本対固定資産比率」、「自己資本比率」、

「営業キャッシュ・フロー」、「利益剰余金」があります。

純支払利息比率は、売上高に対する純支払利息の割合をいい、売上高（完成工事高）で純支払利息をどの程度まかなっているかを示すものであり、低いほど望ましいといえます。純支払利息比率を算式によって示すと次のようになります。

$$\text{純支払利息比率（\%）} = \frac{\text{支払利息} - \text{受取利息及び配当金}}{\text{売上高}} \times 100$$

負債回転期間は、借入金等の有利子負債にかぎらず、無利子負債を含む負債の総額が1カ月あたりの売上高に対してどれくらいかを算定するものであり、数値が低いほど望ましいといえます。負債回転期間を算式によって示すと次のようになります。

$$\text{負債回転期間（月）} = \frac{\text{負債}}{\text{売上高} \div 12}$$

解答 67

ア. 15000 百万円

イ. 37800 百万円

ウ. 3600 百万円

解説

空欄の計算過程は次のとおりです。

経常利益＝867百万円＋750百万円－1,050百万円＝567百万円

$$\text{総資本経常利益率（\%）} = \frac{\text{567百万円}}{\text{総資本}} \times 100 = 3.78\%\text{より}$$

(ア) 総資本＝15,000百万円

$$\text{完成工事高経常利益率（\%）} = \frac{\text{567百万円}}{\text{完成工事高}} \times 100 = 1.5\%\text{より}$$

(イ) 完成工事高＝37,800百万円

(ウ) 販売費及び一般管理費＝完成工事高－完成工事原価－営業利益

＝37,800百万円－33,333百万円－867百万円＝3,600百万円

解答 68

〔問1〕

A	経営資本営業利益率	2.76	%	(小数点以下第3位を四捨五入し、第2位まで記入すること)
B	完成工事高総利益率	12.81	%	(同上)
C	総資本回転率	0.98	回	(同上)
D	当座比率	71.96	%	(同上)
	または	48.45	%	(同上)
E	固定比率	111.52	%	(同上)
F	固定長期適合比率	66.64	%	(同上)
G	設備投資効率	202.56	%	(同上)
H	職員1人あたり付加価値	13.28	百万円	(同上)
I	運転資本保有月数	0.72	月	(同上)
J	借入金依存度	32.36	%	(同上)
K	営業キャッシュ・フロー対負債比率	3.30	%	(同上)
L	完成工事高キャッシュ・フロー率	5.06	%	(同上)

〔問2〕

	1	2	3	4	5
記号(ア～シ)	サ	ア	イ	シ	キ

解説

〔問１〕

各財務比率の算定は次のとおりです。

A　経営資本営業利益率

経営資本＝195,174百万円－1,152百万円＝194,022百万円

$$\frac{5{,}352\text{百万円}}{194{,}022\text{百万円}}\times 100 \fallingdotseq 2.76\%$$

B　完成工事高総利益率

$$\frac{24{,}612\text{百万円}}{192{,}072\text{百万円}}\times 100 \fallingdotseq 12.81\%$$

C　総資本回転率

$$\frac{192{,}072\text{百万円}}{195{,}174\text{百万円}} \fallingdotseq 0.98\text{回}$$

D　当座比率

当座資産＝19,272百万円＋8,136百万円＋43,458百万円＋7,326百万円－486百万円＝77,706百万円

$$\frac{77{,}706\text{百万円}}{160{,}386\text{百万円}-52{,}404\text{百万円}}\times 100 \fallingdotseq 71.96\%$$

または

$$\frac{77{,}706\text{百万円}}{160{,}386\text{百万円}}\times 100 \fallingdotseq 48.45\%$$

問題文に指示がない場合は、一般的な当座比率と建設業における当座比率のどちらで計算してもかまいません。

E　固定比率

$$\frac{23{,}184\text{百万円}}{20{,}790\text{百万円}}\times 100 \fallingdotseq 111.52\%$$

F　固定長期適合比率

$$\frac{23{,}184\text{百万円}}{20{,}790\text{百万円}+13{,}998\text{百万円}}\times 100 \fallingdotseq 66.64\%$$

G　設備投資効率

付加価値＝192,072百万円－（44,040百万円＋25,332百万円＋78,072百万円）

＝44,628百万円

$$\frac{44{,}628\text{百万円}}{23{,}184\text{百万円}-1{,}152\text{百万円}}\times 100 \fallingdotseq 202.56\%$$

分母の23,184百万円から建設仮勘定が控除されることに注意してください。

H　職員１人あたり付加価値

$$\frac{44{,}628\text{百万円}}{3{,}360\text{人}} \fallingdotseq 13.28\text{百万円}$$

I　運転資本保有月数

$$\frac{171{,}990\text{百万円}-160{,}386\text{百万円}}{192{,}072\text{百万円}\div 12}\fallingdotseq 0.72\text{月}$$

J　借入金依存度

$$\frac{50{,}790\text{百万円}+12{,}366\text{百万円}}{195{,}174\text{百万円}}\times 100\fallingdotseq 32.36\%$$

K　営業キャッシュ・フロー対負債比率

$$\frac{5{,}760\text{百万円}}{174{,}384\text{百万円}}\times 100\fallingdotseq 3.30\%$$

L　完成工事高キャッシュ・フロー率

$$\frac{1{,}020\text{百万円}+120\text{百万円}+7{,}200\text{百万円}+1{,}800\text{百万円}-420\text{百万円}}{192{,}072\text{百万円}}\times 100\fallingdotseq 5.06\%$$

〔問２〕

固定比率とは自己資本に対する固定資産の割合であり、固定資産が返済を要しない自己資本でどの程度まかなわれているかをみる指標です。この比率が100％以下であれば、固定資産はすべて自己資本でまかなわれていることになり、企業にとっては望ましいといえます。固定比率が100％以上の場合には固定資産が自己資本以外のものによってもまかなわれていることになります。これが固定負債である場合には、財務健全性において問題はなく、このことをみる指標が固定長期適合比率です。

固定長期適合比率は、固定資産が自己資本と固定負債によってどの程度まかなわれているかを見る指標です。

自己資本は返済を要しないものであり、また固定負債はその返済期限が長期であり、自己資本に準じた長期安定的資本といえます。よってこれら２つにより固定資産がまかなわれていれば財務健全性上、問題はないといえます。これは、固定長期適合比率が100％以下であることが望ましいことを表しています。

本問において、TC株式会社の第50期の固定比率は111.52％であり100％を上回っていますが、固定長期適合比率は66.64％であり100％を下回っています。よってTC株式会社の財務健全性は、この点においては問題がないといえます。

解答 69

〔問１〕

A	総資本経常利益率	0.37	%	（小数点以下第３位を四捨五入し、第２位まで記入すること）
B	総資本回転率	1.09	回	（同上）
C	流動比率	126.58	%	（同上）
	または	125.65	%	（同上）
D	固定比率	42.12	%	（同上）
E	完成工事高総利益率	8.94	%	（同上）
F	運転資本保有月数	1.94	月	（同上）
G	設備投資効率	321.63	%	（同上）
H	付加価値率	16.09	%	（同上）
I	職員１人あたり完成工事高	53	百万円	
J	必要運転資金滞留月数	1.90	月	（小数点以下第３位を四捨五入し、第２位まで記入すること）
K	有利子負債月商倍率	1.83	月	（同上）

〔問２〕

	1	2	3	4	5	6	7	8	9
記号（ア～タ）	ケ	キ	ソ	エ	セ	タ	ス	ア	カ

解説

財務比率の算定は、毎年必ず出題されるため、各比率の公式およびその内容について確認しておく必要があります。また、本問は期中平均値の使用が望ましいケースはそれを使うようにと指示があります。資本、有形固定資産、総職員数などが関係する比率には注意してください。

以下に各比率の算定方法を示します。

A　総資本経常利益率

$$\frac{252\text{百万円}}{(71{,}730\text{百万円}+62{,}898\text{百万円})\div 2}\times 100\fallingdotseq 0.37\%$$

総資本は第24期、第25期の平均を用います。また、経常利益は損益計算書に記載されていないようですが、本問では特別損益がないため、税引前当期純利益と経常利益は同じ金額になっています。

B　総資本回転率

$$\frac{73{,}458\text{百万円}}{(71{,}730\text{百万円}+62{,}898\text{百万円})\div 2}\fallingdotseq 1.09\text{回}$$

C　流動比率

$$\frac{58{,}140\text{百万円}-30{,}798\text{百万円}}{46{,}272\text{百万円}-24{,}672\text{百万円}}\times 100\fallingdotseq 126.58\%$$

または $\dfrac{58{,}140\text{百万円}}{46{,}272\text{百万円}}\times 100\fallingdotseq 125.65\%$

問題文に指示がない場合は、一般的な流動比率と建設業における流動比率のどちらで計算してもかまいません。

D　固定比率

$$\frac{4{,}728\text{百万円}}{11{,}226\text{百万円}}\times 100\fallingdotseq 42.12\%$$

E　完成工事高総利益率

$$\frac{6{,}570\text{百万円}}{73{,}458\text{百万円}}\times 100\fallingdotseq 8.94\%$$

F　運転資本保有月数

$$\frac{58{,}140\text{百万円}-46{,}272\text{百万円}}{73{,}458\text{百万円}\div 12}\fallingdotseq 1.94\text{月}$$

G　設備投資効率

付加価値＝73,458百万円－(21,960百万円＋4,470百万円＋35,208百万円)＝11,820百万円

$$\frac{11{,}820\text{百万円}}{(3{,}774\text{百万円}+3{,}576\text{百万円})\div 2}\times 100\fallingdotseq 321.63\%$$

分母は、有形固定資産の期中平均値を用いることに注意してください。

H　付加価値率

$$\frac{11{,}820\text{百万円}}{73{,}458\text{百万円}}\times 100\fallingdotseq 16.09\%$$

I　職員１人あたり完成工事高

$$\frac{73{,}458\text{百万円}}{(1{,}404\text{人}+1{,}368\text{人})\div 2}=53\text{百万円}$$

分母は総職員数の期中平均値を用います。

J　必要運転資金滞留月数

$$\frac{1{,}554\text{百万円}+16{,}278\text{百万円}+30{,}798\text{百万円}-3{,}768\text{百万円}-8{,}562\text{百万円}-24{,}672\text{百万円}}{73{,}458\text{百万円}\div 12}\fallingdotseq 1.90\text{月}$$

K　有利子負債月商倍率

$$\frac{7{,}734\text{百万円}+2{,}178\text{百万円}+1{,}284\text{百万円}}{73{,}458\text{百万円}\div 12}\fallingdotseq 1.83\text{月}$$

〔問２〕

付加価値は企業がその活動により新たに生み出した価値です。本問の付加価値を控除法により求めるには，完成工事高から完成工事原価報告書の材料費，労務外注費，外注費を控除します。

付加価値＝73,458百万円－(21,960百万円＋4,470百万円＋35,208百万円)＝11,820百万円

また，□をうめるために次の比率を計算します。

$$\text{労働生産性}=\frac{11{,}820\text{百万円}}{(1{,}404\text{人}+1{,}368\text{人})\div 2}\fallingdotseq 8.53\text{百万円}$$

$$\text{労働装備率}=\frac{(3{,}774\text{百万円}+3{,}576\text{百万円})\div 2}{(1{,}404\text{人}+1{,}368\text{人})\div 2}\fallingdotseq 2.65\text{百万円}$$

$$\text{設備投資効率}=\frac{11{,}820\text{百万円}}{(3{,}774\text{百万円}+3{,}576\text{百万円})\div 2}\times 100\fallingdotseq 321.63\%$$

労働生産性は次のように各要素に分解できます。

労働生産性＝付加価値率×職員１人あたり完成工事高

　　　　　＝労働装備率×設備投資効率

　　　　　＝労働装備率×有形固定資産回転率×付加価値率

以上の公式を理解していれば本問は簡単に解答できます。

解答 70

〔問1〕

A	経営資本営業利益率	4.55	%	（小数点以下第3位を四捨五入し，第2位まで記入すること）
B	自己資本経常利益率	18.22	%	（同　上）
C	棚卸資産回転率	2.46	回	（同　上）
D	支払勘定回転率	4.76	回	（同　上）
E	受取勘定回転率	3.79	回	（同　上）
F	当座比率	79.03	%	（同　上）
	または	51.97	%	（同　上）
G	運転資本保有月数	0.34	月	（同　上）
H	固定比率	97.24	%	（同　上）
I	固定長期適合比率	84.53	%	（同　上）
J	負債比率	530.23	%	（同　上）
K	営業キャッシュ・フロー対流動負債比率	2.45	%	（同　上）

〔問2〕

	1	2	3
記号（○または×）	○	×	○

解説

〔問１〕

各比率は，次のように計算できます。

A　経営資本営業利益率

経営資本＝90,300百万円－210百万円＝90,090百万円

$$\frac{4{,}098\text{百万円}}{90{,}090\text{百万円}}\times 100 \fallingdotseq 4.55\%$$

B　自己資本経常利益率

$$\frac{2{,}610\text{百万円}}{14{,}328\text{百万円}}\times 100 \fallingdotseq 18.22\%$$

C　棚卸資産回転率

棚卸資産＝未成工事支出金＋材料貯蔵品＝36,918百万円＋168百万円＝37,086百万円

$$\frac{91{,}200\text{百万円}}{37{,}086\text{百万円}} \fallingdotseq 2.46\text{回}$$

D　支払勘定回転率

支払勘定＝支払手形＋工事未払金＝8,454百万円＋10,698百万円＝19,152百万円

$$\frac{91{,}200\text{百万円}}{19{,}152\text{百万円}} \fallingdotseq 4.76\text{回}$$

E　受取勘定回転率

受取勘定＝受取手形＋完成工事未収入金＝3,804百万円＋20,250百万円＝24,054百万円

$$\frac{91{,}200\text{百万円}}{24{,}054\text{百万円}} \fallingdotseq 3.79\text{回}$$

F　当座比率

$$\frac{11{,}988\text{百万円}+3{,}804\text{百万円}+20{,}250\text{百万円}+2{,}466\text{百万円}-144\text{百万円}}{73{,}818\text{百万円}-25{,}272\text{百万円}} \fallingdotseq \times 100 \fallingdotseq 79.03\%$$

または

$$\frac{11{,}988\text{百万円}+3{,}804\text{百万円}+20{,}250\text{百万円}+2{,}466\text{百万円}-144\text{百万円}}{73{,}818\text{百万円}} \fallingdotseq \times 100 \fallingdotseq 51.97\%$$

問題文に指示がない場合は、一般的な当座比率と建設業における当座比率のどちらで計算してもかまいません。

G　運転資本保有月数

$$\frac{76{,}368\text{百万円}-73{,}818\text{百万円}}{91{,}200\text{百万円}\div 12} \fallingdotseq 0.34\text{月}$$

H　固定比率

$$\frac{13{,}932\text{百万円}}{14{,}328\text{百万円}}\times 100 \fallingdotseq 97.24\%$$

I　固定長期適合比率

$$\frac{13{,}932\text{百万円}}{14{,}328\text{百万円}+2{,}154\text{百万円}}\times 100 \fallingdotseq 84.53\%$$

J　負債比率

$$\frac{75{,}972\text{百万円}}{14{,}328\text{百万円}}\times 100 \fallingdotseq 530.23\%$$

K　営業キャッシュ・フロー対流動負債比率

$$\frac{1{,}812\text{百万円}}{73{,}818\text{百万円}}\times 100 \fallingdotseq 2.45\%$$

〔問２〕

1．金利負担能力は、営業利益と受取利息の合計が支払利息（金利）の何倍の力をもっているかを示す指標であり、この比率が高いことは金利負担能力が高いことを意味します。本問では（4,098百万円＋300百万円）÷2,412百万円≒1.8となり、１より大きくなっています。

2．同社の未成工事収支比率は、25,272百万円÷36,918百万円×100≒68.45％であり、100％を下回っています。未成工事受入金は、企業が工事完成基準を採用している場合に、工事が未完成で引き渡しが済んでいないものに関する請負代金の受入額です。また、未成工事支出金は引渡し未了の工事にかかった工事原価であり、製造業の仕掛品に該当するものです。この２つの関係をみる未成工事収支比率は、100％以上であれば請負工事に対する支払能力は十分であり財務安全性は高いといえます。

3．経営資本とは、企業の資本のうち、直接的に営業活動に使用されている部分です。本問では営業用車両、職員の福利厚生施設ともに経営資本に含まれます。

過去問題編

解答・解説

第32回　解答・解説

第1問　**20点**　解答にあたっては、各問とも指定した字数以内（句読点を含む）で記入すること。

●数字…予想配点

問1

指数法とは、標準状態にあるものの指数を百とし、❷分析対象の指数が百を上回るか否かにより、❷企業の総合評価を行う方法をいう。なお、ウォールによって提案された方法であることから、ウォール指数法ともいう。❷指数法によって企業の総合評価を行う場合、選択した比率の値が大きければ良好、小さければ不良と判断されるように工夫して総合評価表を作成しなければならない。❷したがって、固定比率、固定長期適合比率、負債比率など、その値が小さければ良好と判断される比率は、算式の分母と分子とを逆にしなければならない点に注意を要する。❷

問2

「経営事項審査」は、公共工事の入札の制度に参加する資格を判定するために実施される企業評価制度として確立されたものである。❷「経営事項審査」の審査項目の枠組みとして経営規模（X1、X2）、経営状況（Y）、技術力（Z）、社会性等（W）がある。❹これらの審査項目にはウェイト付けがなされており、❷それぞれを点数化して集計し、総合評価した値が総合評点（P）である。公共工事において、入札の制度に参加する資格を判定する企業評価の基準となるものが総合評点（P）であり、点数化による総合評価法に分類される評価法といえる。❷

解説

問1　指数法

指数法とは、数個の分析比率を選択し、このウェイト付けされたポイントの合計が100となるようにした標準比率を定め、これと分析対象の指数を比較して点数化し、100を上回れば標準より優れているものとし、経営の良否を総合的に判定する方法です。これは、ウォールの開発した方法で、ウォール指数法といわれることもあります。

指数法の長所は、経営の評価が明確になされ、標準比率との関係で企業間比較が可能な点にあります。指数法の短所は、比率の選択やウェイト付けに恣意性が介入するおそれがあり、この場合には適切な経営評価を行うことができなくなる点があげられます。

問2　経営事項審査における総合評点

経営事項審査における総合評価の特徴は、経営規模（X1, X2）、経営状況（Y）、技術力（Z）、社会性等（W）の各審査項目にウェイトをつけ、考課法と多変量解析法により評点化していることです。

なお、考課法とは、いくつかの適切な分析指標を選択し、指標ごとにどの程度の範囲ならば何点かの経営考課表を作成しておき、この表に各企業の実績を当てはめて評価する方法です。

また、多変量解析法とは、経営評価を構成する多様な情報をいくつかの主成分に分解して、各々の成分のなかでの情報の分布から各データを評点化するものです。

第2問　15点

●数字…予想配点

記号（ア〜ヘ）

1	2	3	4	5	6	7	8	9	10	11	12	13
オ	ナ	サ	タ	チ	キ	ス	シ	ノ	ニ	エ	ネ	ヘ
❶	❶	❶	❶	❶	❶	❷	❶	❷	❶	❶	❶	❶

解説

空欄を埋めると、次のような文章となります。

> 生産性分析の中心概念は**付加価値**である。一般にこの計算方法は２つあるが、建設業においては**控除法**が採用されており、その算式は、**完成工事高**－（**材料費**＋外注費）で示される。『建設業の経営分析』では、この**付加価値**を**完成加工高**と呼ぶこともある。
>
> 投下資本がどれほど生産性に貢献したかという生産的効率を意味するものが**資本生産性**である。その計算において、分子に**付加価値**を、分母に有形固定資産が使用される**資本生産性**を**設備投資効率**という。なお、有形固定資産の金額は、現在の有効投資を示すものでなければならないので、**未稼働投資**の分はそこから除外される。他方、従業員１人当たりが生み出した**付加価値**を示すものが、**労働生産性**である。この**労働生産性**は、**設備投資効率**と**労働装備率**の積で求めることもでき、**資本集約度**と**総資本投資効率**の積で求めることもできる。なお、**資本集約度**は１人当たり総資本を示すものである。また、**労働生産性**と**労働分配率**の積で求められるのが、１人当たりの人件費すなわち賃金水準となる。

生産性分析についての空欄記入（記号選択）問題です。

1．付加価値

付加価値とは、企業が新たに生み出した価値をいい、その算定方法には控除法と加算法があります。建設業の付加価値は控除法により、下記の通り算定されます。

付加価値＝完成工事高－（材料費＋労務外注費＋外注費）

2．資本生産性

資本生産性は、投下資本に対する付加価値の割合をいいます。

$$\text{資本生産性（\%）} = \frac{\text{付加価値}}{\text{資本}} \times 100$$

$$\text{設備投資効率（\%）} = \frac{\text{付加価値}}{\text{有形固定資産（未稼働分を除く）}} \times 100$$

3．労働生産性

労働生産性とは、一般的に、総職員数（従業員数）に対する付加価値の割合をいいます。

$$\text{労働生産性（円）} = \frac{\text{付加価値}}{\text{総職員数}}$$

上記の労働生産性を求める計算式は、いくつかの要因に分解して分析することができます。労働生産性に有形固定資産への投資額を用いて分析をすると以下のようになります。

$$\underset{\text{労働生産性}}{\frac{\text{付加価値}}{\text{総職員数}}} = \underset{\text{労働装備率}}{\frac{\text{有形固定資産}}{\text{総職員数}}} \times \underset{\text{設備投資効率}}{\frac{\text{付加価値}}{\text{有形固定資産}}}$$

また、労働生産性に総資本を用いて分析をすると以下のようになります。

$$\underset{\text{労働生産性}}{\frac{\text{付加価値}}{\text{総職員数}}} = \underset{\text{資本集約度}}{\frac{\text{総資本}}{\text{総職員数}}} \times \underset{\text{総資本投資効率}}{\frac{\text{付加価値}}{\text{総資本}}}$$

職員１人当たり人件費とは、総職員に対する人件費の割合をいい、賃金水準を示しています。

$$\text{職員１人当たり人件費（円）} = \frac{\text{人件費}}{\text{総職員数}}$$

上記の職員１人当たり人件費を求める計算式は、いくつかの要因に分解して分析することができます。付加価値を用いて分解すると以下のようになります。

$$\underset{\text{職員１人当たり人件費}}{\frac{\text{人件費}}{\text{総職員数}}} = \underset{\text{労働生産性}}{\frac{\text{付加価値}}{\text{総職員数}}} \times \underset{\text{付加価値分配率}}{\frac{\text{人件費}}{\text{付加価値}}}$$

第3問　20点

●数字…予想配点

(A)	❹	51810	百万円	(百万円未満を切り捨て)
(B)	❹	16500	百万円	(　同　　上　)
(C)	❹	190950	百万円	(　同　　上　)
(D)	❹	1590	百万円	(　同　　上　)
支払勘定回転率	❹	2.41	回	(小数点第3位を四捨五入し、第2位まで記入)

解説

1．未成工事受入金（B）の算定

(1)　総資本の算定

$$35.00\%\langle\text{自己資本比率}\rangle = \frac{\underbrace{\text{総資本} - 128{,}310\text{百万円}\langle\text{負債}\rangle}_{\text{自己資本}}}{\text{総資本}}$$

∴　総資本 = 197,400百万円

(2)　自己資本の算定

自己資本 = 197,400百万円〈総資本〉− 128,310百万円〈負債〉
　　　　 = 69,090百万円

(3)　経営資本の算定

経営資本 = 197,400百万円〈総資本〉−（900百万円〈建設仮勘定〉
　　　　　+ 25,000百万円〈投資有価証券〉）
　　　　 = 171,500百万円

(4)　完成工事高の算定

$$9.80\text{月}\langle\text{経営資本回転期間}\rangle = \frac{171{,}500\text{百万円}\langle\text{経営資本}\rangle}{\text{完成工事高} \div 12}$$

∴　完成工事高 = 210,000百万円

(5)　長期借入金の算定

$$1.20\text{月}\langle\text{有利子負債月商倍率}\rangle = \frac{9{,}190\text{百万円}\langle\text{短期借入金}\rangle + \text{長期借入金}}{210{,}000\text{百万円}\langle\text{完成工事高}\rangle \div 12}$$

∴　長期借入金 = 11,810百万円（＝固定負債）

(6)　流動負債の算定

流動負債 = 128,310百万円〈負債〉− 11,810百万円〈固定負債〉
　　　　 = 116,500百万円

(7) 固定資産の算定

$$90.00\%\langle\text{固定長期適合比率}\rangle=\frac{\text{固定資産}}{11{,}810\text{百万円}\langle\text{固定負債}\rangle+69{,}090\text{百万円}\langle\text{自己資本}\rangle}\times 100$$

∴　固定資産＝72,810百万円

(8) 流動資産の算定

流動資産＝197,400百万円〈総資本〉－72,810百万円〈固定資産〉

＝124,590百万円

(9) 未成工事受入金（B）の算定

$$110.00\%\langle\text{流動比率}\rangle=\frac{124{,}590\text{百万円}\langle\text{流動資産}\rangle-14{,}590\text{百万円}\langle\text{未成工事支出金}\rangle}{116{,}500\text{百万円}\langle\text{流動負債}\rangle-\text{未成工事受入金(B)}}\times 100$$

∴　未成工事受入金（B）＝**16,500百万円**

2．完成工事未収入金（A）の算定

(1) 現金預金の算定

$$1.50\text{月}\langle\text{現金預金手持月数}\rangle=\frac{\text{現金預金}}{210{,}000\text{百万円}\langle\text{完成工事高}\rangle\div 12}$$

∴　現金預金＝26,250百万円

(2) 完成工事未収入金（A）の算定

$$109.70\%\langle\text{当座比率}\rangle=\frac{\underbrace{26{,}250\text{百万円}\langle\text{現金預金}\rangle+31{,}640\text{百万円}\langle\text{受取手形}\rangle+\text{完成工事未収入金（A）}}_{\text{当座資産}}}{116{,}500\text{百万円}\langle\text{流動負債}\rangle-16{,}500\text{百万円}\langle\text{未成工事受入金(B)}\rangle}\times 100$$

∴　完成工事未収入金（A）＝**51,810百万円**

3．完成工事原価（C）の算定

(1) 営業利益の算定

$$7.00\text{倍}\langle\text{金利負担能力}\rangle=\frac{\text{営業利益}+880\text{百万円}\langle\text{受取利息配当金}\rangle}{600\text{百万円}\langle\text{支払利息}\rangle}$$

∴　営業利益＝3,320百万円

(2) 完成工事原価（C）の算定

3,320百万円〈営業利益〉＝210,000百万円〈完成工事高〉－完成工事原価（C）

－15,730百万円〈販売費及び一般管理費〉

∴　完成工事原価（C）＝**190,950百万円**

4．営業外収益・その他（D）の算定

(1) 経常利益の算定

$$2.50\%\langle\text{総資本経常利益率}\rangle=\frac{\text{経常利益}}{197{,}400\text{百万円}\langle\text{総資本}\rangle}\times 100$$

∴　経常利益＝4,935百万円

⑵ 営業外収益・その他（D）の算定

4,935百万円〈経常利益〉＝3,320百万円〈営業利益〉＋880百万円〈受取利息配当金〉
＋営業外収益･その他（D）－600百万円〈支払利息〉
－255百万円〈営業外費用･その他〉

∴ 営業外収益・その他（D）＝**1,590百万円**

5．支払勘定回転率の算定

⑴ 支払勘定（＝支払手形＋工事未払金）の算定

116,500百万円〈流動負債〉＝支払勘定＋9,190百万円〈短期借入金〉＋3,500百万円〈未払法人税等〉
＋16,500百万円〈未成工事受入金（B）〉

∴ 支払勘定＝87,310百万円

⑵ 支払勘定回転率の算定

$$支払勘定回転率（回）=\frac{210{,}000百万円〈完成工事高〉}{87{,}310百万円〈支払勘定〉}$$

≒**2.41回**

第4問 15点

●数字…予想配点

問1	❸	68.00	%	（小数点第3位を四捨五入し、第2位まで記入）
問2	❸	4584040	千円	（千円未満を切り捨て）
問3	❸	14325125	千円	（　同　上　）
問4	❸	44.49	%	（小数点第3位を四捨五入し、第2位まで記入）
問5	❸	4584040	千円	（千円未満を切り捨て）

解説

問1 第6期の変動費率の算定

$$第6期変動費率（\%）=\frac{28{,}460{,}200千円〈第5期総費用〉-26{,}480{,}040千円〈第6期総費用〉}{35{,}112{,}000千円〈第5期完成工事高〉-32{,}200{,}000千円〈第6期完成工事高〉}\times 100$$

＝**68.00%**

問２　第６期の固定費の算定

第６期の固定費＝26,480,040千円〈第６期総費用〉－32,200,000千円〈第６期完成工事高〉
×68.00％〈第６期変動費率〉
＝**4,584,040千円**

問３　第６期の損益分岐点の完成工事高の算定

$$\text{第６期の損益分岐点の完成工事高}=\frac{\text{4,584,040千円〈第６期固定費〉}}{\text{100\%－68.00\%〈第６期変動費率〉}}$$

＝**14,325,125千円**

問４　第６期の損益分岐点比率の算定

$$\text{第６期の損益分岐点比率（\%）}=\frac{\text{14,325,125千円〈第６期損益分岐点完成工事高〉}}{\text{32,200,000千円〈第６期完成工事高〉}}\times 100$$

≒**44.49％**

問５　第６期の販売費及び一般管理費の算定

建設業における慣行的な固変区分による場合、完成工事原価と支払利息以外の営業外費用のうち営業外収益で賄えない部分との合計が変動費となり、販売費及び一般管理費と支払利息との合計が固定費となります。

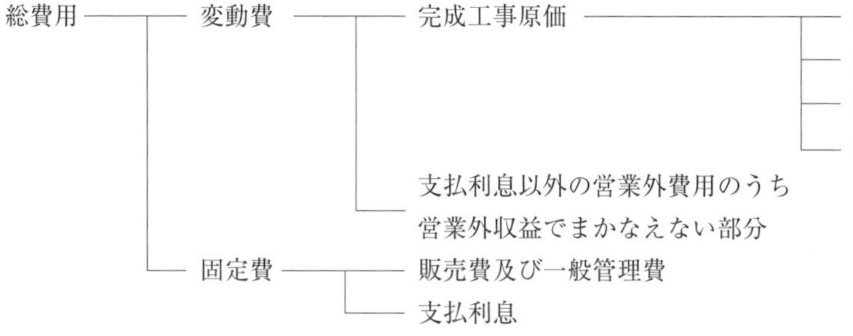

したがって、支払利息の金額がゼロのため、総費用から変動費を控除した固定費はすべて販売費及び一般管理費となります。

よって、問２より、販売費及び一般管理費は、**4,584,040千円**となります。

第5問　30点

●数字…予想配点

問1

A	経営資本営業利益率 ❷	5.29	%	(小数点第3位を四捨五入し、第2位まで記入)
B	立替工事高比率 ❷	54.42	%	(同　上)
C	運転資本保有月数 ❷	4.19	月	(同　上)
D	借入金依存度 ❷	14.37	%	(同　上)
E	棚卸資産滞留月数 ❷	0.13	月	(同　上)
F	完成工事高増減率 ❷	9.85	%	(同　上) 記号(AまたはB) A
G	営業キャッシュ・フロー対流動負債比率 ❷	17.30	%	(同　上)
H	配当率 ❷	21.47	%	(同　上)
I	未成工事収支比率 ❷	442.15	%	(同　上)
J	労働装備率 ❷	19137	千円	(千円未満を切り捨て)

問2

記号（ア～ヤ）

1	2	3	4	5	6	7	8	9	10
カ	ソ	エ	ム	チ	ア	シ	キ	オ	フ
❶	❶	❶	❶	❶	❶	❶	❶	❶	❶

解説

問１　諸比率の算定問題

A　経営資本営業利益率

⑴　経営資本（期中平均値）の算定

第31期末経営資本＝3,258,450千円〈総資本〉－（159,700千円〈建設仮勘定〉
＋738,680千円〈投資その他の資産〉）
＝2,360,070千円

第32期末経営資本＝3,316,710千円〈総資本〉－（222,400千円〈建設仮勘定〉
＋668,140千円〈投資その他の資産〉）
＝2,426,170千円

経営資本(期中平均値)＝(2,360,070千円〈第31期末〉＋2,426,170千円〈第32期末〉)÷２
＝2,393,120千円

⑵　経営資本営業利益率の算定

$$\text{経営資本営業利益率(\%)}=\frac{\text{126,500千円〈営業利益〉}}{\text{2,393,120千円〈経営資本(期中平均値)〉}}\times 100$$

≒**5.29％**

B　立替工事高比率

$$\text{立替工事高比率(\%)}=\frac{\text{1,333,700千円(*)}}{\text{2,424,600千円〈完成工事高〉}+\text{26,100千円〈未成工事支出金〉}}\times 100$$

≒**54.42％**

(*)27,300千円〈受取手形〉＋1,395,700千円〈完成工事未収入金〉
＋26,100千円〈未成工事支出金〉－115,400千円〈未成工事受入金〉
＝1,333,700千円

C　運転資本保有月数

$$\text{運転資本保有月数(月)}=\frac{\text{1,899,560千円〈流動資産〉}-\text{1,053,730千円〈流動負債〉}}{\text{2,424,600千円〈完成工事高〉}\div 12}$$

≒**4.19月**

D　借入金依存度

$$\text{借入金依存度(\%)}=\frac{\text{94,800千円〈短期借入金〉}+\text{261,700千円〈長期借入金〉}+\text{120,000千円〈社債〉}}{\text{3,316,710千円〈総資本〉}}\times 100$$

≒**14.37％**

E　棚卸資産滞留月数

$$\text{棚卸資産滞留月数(月)}=\frac{26{,}100\text{千円〈未成工事支出金〉}+920\text{千円〈材料貯蔵品〉}}{2{,}424{,}600\text{千円〈完成工事高〉}\div 12}$$

$$\fallingdotseq 0.13\text{月}$$

F　完成工事高増減率

$$\text{完成工事高増減率(\%)}=\frac{2{,}424{,}600\text{千円〈第32期完成工事高〉}-2{,}207{,}100\text{千円〈第31期完成工事高〉}}{2{,}207{,}100\text{千円〈第31期完成工事高〉}}\times 100$$

≒（＋）9.85%「A」

G　営業キャッシュ・フロー対流動負債比率

⑴　流動負債（期中平均値）の算定

$$\text{流動負債(期中平均値)}=(1{,}061{,}050\text{千円〈第31期末〉}+1{,}053{,}730\text{千円〈第32期末〉})\div 2$$

$$=1{,}057{,}390\text{千円}$$

⑵　営業キャッシュ・フロー対流動負債比率の算定

$$\text{営業キャッシュ・フロー対流動負債比率(\%)}=\frac{182{,}900\text{千円〈営業キャッシュ・フロー〉}}{1{,}057{,}390\text{千円〈流動負債(期中平均値)〉}}\times 100$$

$$\fallingdotseq 17.30\%$$

H　配当率

$$\text{配当率(\%)}=\frac{42{,}600\text{千円〈配当金〉}}{198{,}400\text{千円〈資本金〉}}\times 100$$

$$\fallingdotseq 21.47\%$$

I　未成工事収支比率

$$\text{未成工事収支比率(\%)}=\frac{115{,}400\text{千円〈未成工事受入金〉}}{26{,}100\text{千円〈未成工事支出金〉}}\times 100$$

$$\fallingdotseq 442.15\%$$

J　労働装備率

労働装備率の算定では、建設仮勘定のように未稼働の資産は除きます。

(1)　有形固定資産－建設仮勘定（期中平均値）の算定

第31期末有形固定資産－建設仮勘定＝678,000千円〈有形固定資産〉
－159,700千円〈建設仮勘定〉
＝518,300千円

第32期末有形固定資産－建設仮勘定＝737,510千円〈有形固定資産〉
－222,400千円〈建設仮勘定〉
＝515,110千円

∴　有形固定資産－建設仮勘定(期中平均値)＝(518,300千円〈第31期末〉
＋515,110千円〈第32期末〉)　÷2
＝516,705千円

(2)　総職員数（期中平均値）の算定

総職員数(期中平均値)＝(26人〈第31期末〉＋28人〈第32期末〉)÷２＝27人

(3)　労働装備率の算定

$$\text{労働装備率(千円)}=\frac{\text{516,705千円〈有形固定資産－建設仮勘定(期中平均値)〉}}{\text{27人〈総職員数(期中平均値)〉}}$$

≒19,137千円

問2　空欄記入問題（記号選択）

空欄を埋めると、次のような文章となります。

> 出資者の見地から投下資本の収益性を判断するための指標が、**自己資本利益率**である。証券市場では、この**自己資本利益率**をアルファベット表記では**ＲＯＥ**と呼んでトップマネジメント評価の重要な指標として活用している。この指標の分子の利益としては、一般に**当期純利益**が用いられる。第32期における**自己資本利益率**は**6.97(*1)**％である。
>
> この指標は**デュポンシステム**によって、まず３つの指標に分解することができ、これは、**総資本利益率**を**自己資本比率**で除する数値とも等しい。**総資本利益率**は包括的な収益力を示し、さらに、利益率と**総資本回転率**に分けられる。一方、**自己資本比率**の逆数は**財務レバレッジ**とも呼ばれる。第32期における**総資本回転率**は**0.74(*2)**回である。

1．自己資本利益率の算定（*1）

(1)　自己資本（期中平均値）の算定

自己資本(期中平均値)＝(1,681,000千円〈第31期末〉＋1,711,980千円〈第32期末〉)÷2
＝1,696,490千円

(2)　自己資本利益率の算定

$$\text{自己資本利益率(％)}=\frac{\text{118,170千円〈当期純利益〉}}{\text{1,696,490千円〈自己資本(期中平均値)〉}}\times 100$$

≒6.97％

2．総資本回転率の算定（*2）

(1) 総資本（期中平均値）の算定

総資本(期中平均値)＝(3,258,450千円〈第31期末〉＋3,316,710千円〈第32期末〉) ÷ 2

＝3,287,580千円

(2) 総資本回転率の算定

$$\text{総資本回転率(回)} = \frac{\text{2,424,600千円〈完成工事高〉}}{\text{3,287,580千円〈総資本(期中平均値)〉}}$$

≒ **0.74回**

第33回　解答・解説

第1問　20点　解答にあたっては、各問とも指定した字数以内（句読点を含む）で記入すること。

●数字…予想配点

問1

成長性分析とは、2期間以上のデータを比較することにより、企業の成長の程度やその要因などを分析することをいう。❷企業経営に関する財務分析が進展するにつれて時系列によるデータとそれを基礎にする分析が盛んになり、成長性分析が重視されるようになってきた。❷また、企業経営活動のダイナミックな傾向もしくは動向を把握する為、複数年のデータによる分析が不可欠となり、❷2期間以上のデータを比較する成長性分析が必要となる。❷

問2

成長性の分析は、基本的に2期間以上のデータを比較することであるが、売上高や利益額等の実数を比較する方法と、❷利益率や回転率等の比率を比較する方法がある。❷比率表示の指標は企業規模や利益等の絶対額が隠れてしまうため、❷実数表示の指標を対比して、その成長性を測定する傾向にある。ただし、1企業内の分析の場合、比率の比較により、率で何ポイント上昇したという表現の方が理解しやすい場合もある。❷また、成長性を比率で表現する場合、前期実績値に対する当期実績値の比を示す成長率と、❷前期実績値に対する前期から当期にかけての実績値の増減の比を示す増減率の2つの方法があるが、❷成長性分析では増減率が一般的である。

解説

問1　成長性分析の意義

成長性分析とは、２期間以上のデータを比較することにより、企業の成長の程度やその要因を分析する手法です。

企業経営に関する財務分析が進展するにつれて、時系列によるデータとそれを基礎にする分析が盛んになり、成長性分析が重視されるようになってきました。貸借対照表を中心とする分析を静態的分析、損益計算書を中心とする分析を動態的分析などということもありますが、たとえ損益計算書であっても、１年間に限定された動きの分析にすぎません。したがって、企業経営活動のダイナミックな傾向もしくは動向を把握するためには、複数年のデータによる分析が不可欠となります。成長性の分析は、これまでの分析手法と異なり、常に２会計期間以上のデータを比較するところに大きな特徴があります。

問2　成長性分析の基本的な手法

⑴　成長性分析の方法

成長性分析には、２つの方法があります。

・実数を比較する方法
売上高、付加価値、利益額、資本、従業員等の実数そのものを比較する方法です。
・比率を比較する方法
総資本利益率、売上高利益率、回転率等の比率を比較する方法です。

比率表示の指標は、現実の企業規模や利益等の絶対額が隠れてしまうため、多くは、実数表示の指標を対比して、その成長性を測定する傾向にあります。しかし、１企業内の分析であれば、比率の比較によって、率で何ポイント上昇したという表現の方が、理解しやすい場合もあります。

⑵　成長性を示す方式

成長性を比率で示すには成長率と増減率があります。

$$\text{成長率（\%）}=\frac{\text{当期実績値}}{\text{前期実績値}}\times 100$$

成長率が100％超であればプラス成長、100％未満であればマイナス成長を示しています。

$$\text{増減率（\%）}=\frac{\text{当期実績値}-\text{前期実績値}}{\text{前期実績値}}\times 100$$

増減率がプラスの値であればプラス成長、マイナスの値であればマイナス成長を示しています。

第2問　15点

●数字…予想配点

記号（ア～へ）

1	2	3	4	5	6	7	8	9	10	11	12	13
コ	ク	ネ	シ	サ	オ	セ	タ	ソ	ウ	キ	エ	ノ
❶	❶	❶	❶	❶	❶	❶	❶	❷	❶	❶	❶	❷

解説

空欄を埋めると、次のような文章となります。

原価と売上高と利益の相関関係を的確に把握するために、建設業の**損益分岐点**分析においては、**経常**利益段階での分析を行うことを慣行としている。これは、建設業における資金調達の重要性が加味されていることを意味する。したがって、簡便的に固定費とされている**販売費及び一般管理費**に**支払利息**を加え、変動費である**完成工事原価**に、その他の**営業外損益**（ただし**支払利息**を除く）も加えている。このような費用分解を前提とすると、**損益分岐点**比率とは、**販売費及び一般管理費**と**支払利息**の合計額を分子とし、**完成工事総利益**と**営業外損益**と**支払利息**の合計額を分母として100をかけることによって求められる。この比率は、その数値が**低い**ほど収益性は安定しているといえる。

また、**損益分岐点**分析を応用して、貸借対照表を活用した均衡分析を行う手法が、総収益と**総資本**が一致する分岐点を求める**資本回収点**分析である。**総資本**は**変動的資本**と**固定的資本**に分解されるが、**資本回収点**分析の分子となるのは**固定的資本**である。当期の完成工事高が12,000千円で、**総資本**が10,000千円、**固定的資本**が2,400千円であるとき、**資本回収点**の完成工事高は、**6,545(*)**千円（千円未満を切り捨て）となる。

建設業の損益分岐点分析と資本回収点分析についての空欄記入（記号選択）問題です。

建設業の損益分岐点分析では、固変分解を簡便的に行うため、完成工事原価のすべてを変動費とし、販売費及び一般管理費を固定費とすることがあります。

- 総費用
  - 変動費
    - 完成工事原価
      - 材料費
      - 労務費
      - 外注費
      - 経費
    - 支払利息以外の営業外費用のうち営業外収益でまかなえない部分
  - 固定費
    - 販売費及び一般管理費
    - 支払利息

また、建設業では、資金調達の重要性を加味するため、経常利益段階での損益分岐点分析を行う慣行があります。したがって、建設業の慣行的な変動費および固定費の分類は上記のようになります。建設業の慣行的な変動費および固定費を前提とした場合、損益分岐点比率は次のような算式で計算することになります。

$$\text{損益分岐点比率(\%)} = \frac{\text{販売費及び一般管理費} + \text{支払利息}}{\text{完成工事総利益} + \text{営業外損益} + \text{支払利息}} \times 100$$

また、資本回収点分析とは、損益分岐点分析を応用した分析の一つで、総収益と総資本とが一致する資本の回収または未回収の分岐点などの均衡点を求める分析手法をいいます。

資本回収点分析を行う上で、総資本を変動的資本と固定的資本とに分解する必要があります。変動的資本とは、操業度の増減に比例して変動する資本をいい、固定的資本とは、操業度の増減にかかわらず、一定額保有する資本をいいます。

資本回収点は、損益分岐点の売上高を計算する公式の原理と同様に、次の算式によって求められます。

$$\text{資本回収点完成工事高} = \frac{\text{固定的資本}}{1 - \dfrac{\text{変動的資本}}{\text{完成工事高}}}$$

(*) 資本回収点完成工事高の算定

(1) 変動的資本の算定

変動的資本 = 10,000千円〈総資本〉− 2,400千円〈固定的資本〉= 7,600千円

(2) 資本回収点完成工事高の算定

$$\text{資本回収点完成工事高} = \frac{2{,}400\text{千円〈固定的資本〉}}{1 - \dfrac{7{,}600\text{千円〈変動的資本〉}}{12{,}000\text{千円〈完成工事高〉}}}$$

≒6,545千円

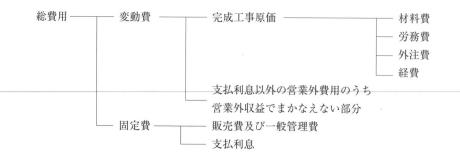

第3問　20点

●数字…予想配点

(A)	❹	47900	百万円（百万円未満を切り捨て）
(B)	❹	7800	百万円（　同　上　）
(C)	❹	381500	百万円（　同　上　）
(D)	❹	508	百万円（　同　上　）
未成工事収支比率	❹	101.49	%（小数点第3位を四捨五入し、第2位まで記入）

解説

1．完成工事未収入金（A）の算定

(1)　現金預金の算定

$$0.50\text{月〈現金預金手持月数〉} = \frac{\text{現金預金}}{420{,}000\text{百万円〈完成工事高〉} \div 12}$$

∴　現金預金＝17,500百万円

(2)　棚卸資産の算定

$$25.00\text{回〈棚卸資産回転率〉} = \frac{420{,}000\text{百万円〈完成工事高〉}}{\text{棚卸資産}}$$

∴　棚卸資産＝16,800百万円

(3)　未成工事支出金の算定

16,800百万円〈棚卸資産〉＝未成工事支出金＋50百万円〈材料貯蔵品〉

∴　未成工事支出金＝16,750百万円

(4)　支払勘定の算定

$$6.00\text{回〈支払勘定回転率〉} = \frac{420{,}000\text{百万円〈完成工事高〉}}{\text{支払勘定}}$$

∴　支払勘定＝70,000百万円

(5)　支払手形の算定

70,000百万円〈支払勘定〉＝支払手形＋47,000百万円〈工事未払金〉

∴　支払手形＝23,000百万円

(6) 流動負債－未成工事受入金の算定

流動負債－未成工事受入金＝23,000百万円〈支払手形〉＋47,000百万円〈工事未払金〉
＋8,400百万円〈短期借入金〉＋1,600百万円〈未払法人税等〉
＝80,000百万円

(7) 流動資産の算定

$$124.00\%\langle\text{流動比率}\rangle=\frac{\text{流動資産}-16{,}750\text{百万円}\langle\text{未成工事支出金}\rangle}{80{,}000\text{百万円}\langle\text{流動負債}-\text{未成工事受入金}\rangle}\times 100$$

∴ 流動資産＝115,950百万円

(8) 完成工事未収入金（A）の算定

115,950百万円〈流動資産〉＝17,500百万円〈現金預金〉＋33,750百万円〈受取手形〉
＋完成工事未収入金（A）
＋16,750百万円〈未成工事支出金〉
＋50百万円〈材料貯蔵品〉

∴ 完成工事未収入金（A）＝**47,900百万円**

2．利益剰余金（B）の算定

(1) 有利子負債の算定

$$1.16\text{月}\langle\text{有利子負債月商倍率}\rangle=\frac{\text{有利子負債}}{420{,}000\text{百万円}\langle\text{完成工事高}\rangle\div 12}$$

∴ 有利子負債＝40,600百万円

(2) 長期借入金の算定

40,600百万円〈有利子負債〉＝8,400百万円〈短期借入金〉＋長期借入金

∴ 長期借入金＝32,200百万円（＝固定負債）

(3) 自己資本の算定

$$81.05\%\langle\text{固定長期適合比率}\rangle=\frac{81{,}050\text{百万円}\langle\text{固定資産}\rangle}{32{,}200\text{百万円}\langle\text{固定負債}\rangle+\text{自己資本}}\times 100$$

∴ 自己資本＝67,800百万円

(4) 利益剰余金（B）の算定

67,800百万円〈自己資本〉＝45,000百万円〈資本金〉
＋15,000百万円〈資本剰余金〉＋利益剰余金（B）

∴ 利益剰余金（B）＝**7,800百万円**

3．完成工事原価（C）の算定

(1) 経営資本の算定

$$4.90\text{月}\langle\text{経営資本回転期間}\rangle=\frac{\text{経営資本}}{420{,}000\text{百万円}\langle\text{完成工事高}\rangle\div 12}$$

∴ 経営資本＝171,500百万円

(2) 営業利益の算定

$$4.80\%〈経営資本営業利益率〉 = \frac{営業利益}{171{,}500百万円〈経営資本〉} \times 100$$

∴ 営業利益＝8,232百万円

(3) 完成工事原価（C）の算定

8,232百万円〈営業利益〉＝420,000百万円〈完成工事高〉－完成工事原価（C）
－30,268百万円〈販売費及び一般管理費〉

∴ 完成工事原価（C）＝**381,500百万円**

4．受取利息配当金（D）の算定

$$4.60倍〈金利負担能力〉 = \frac{8{,}232百万円〈営業利益〉 + 受取利息配当金(D)}{1{,}900百万円〈支払利息〉}$$

∴ 受取利息配当金（D）＝**508百万円**

5．未成工事収支比率の算定

(1) 総資本の算定

総資本＝115,950百万円〈流動資産〉＋81,050百万円〈固定資産〉
＝197,000百万円

(2) 流動負債の算定

197,000百万円〈総資本〉＝流動負債＋32,200百万円〈固定負債〉
＋67,800百万円〈自己資本〉

∴ 流動負債＝97,000百万円

(3) 未成工事受入金の算定

未成工事受入金＝97,000百万円〈流動負債〉
－80,000百万円〈流動負債－未成工事受入金〉
＝17,000百万円

(4) 未成工事収支比率の算定

$$未成工事収支比率(\%) = \frac{17{,}000百万円〈未成工事受入金〉}{16{,}750百万円〈未成工事支出金〉} \times 100$$

≒**101.49%**

第4問　15点

●数字…予想配点

問1　❸	36.00	%	（小数点第3位を四捨五入し、第2位まで記入）
問2　❸	15.00	%	（　同　上　）記号（AまたはB）　A
問3　❸	104.04	%	（小数点第3位を四捨五入し、第2位まで記入）
問4　❸	16,000	千円	（千円未満を切り捨て）
問5　❸	2,000	千円	（　同　上　）

解説

問1　付加価値率の算定

(1)　総資本の算定

総資本＝289,000千円〈流動資産〉＋122,000千円〈有形固定資産〉
＋3,500千円〈無形固定資産〉＋65,500千円〈投資その他の資産〉
＝480,000千円

(2)　完成工事高の算定

$$1.15\text{回〈総資本回転率〉} = \frac{\text{完成工事高}}{480{,}000\text{千円〈総資本〉}}$$

∴　完成工事高＝552,000千円

(3)　完成工事総利益の算定

完成工事総利益＝552,000千円〈完成工事高〉×25.00％〈完成工事高総利益率〉
＝138,000千円

(4)　完成工事原価の算定

完成工事原価＝552,000千円〈完成工事高〉－138,000千円〈完成工事総利益〉
＝414,000千円

(5)　前給付費用（材料費＋労務外注費＋外注費）の算定

前給付費用＝414,000千円〈完成工事原価〉－60,720千円〈経費〉
＝353,280千円

(6)　付加価値の算定

付加価値＝552,000千円〈完成工事高〉－353,280千円〈前給付費用〉
＝198,720千円

(7)　付加価値率の算定

$$\text{付加価値率(\%)} = \frac{\text{198,720千円〈付加価値〉}}{\text{552,000千円〈完成工事高〉}} \times 100$$

$$= \mathbf{36.00\%}$$

問２　付加価値増減率の算定

$$\text{付加価値増減率(\%)} = \frac{\text{198,720千円〈当期付加価値〉} - \text{172,800千円〈前期付加価値〉}}{\text{172,800千円〈前期付加価値〉}} \times 100$$

$$= \mathbf{15.00\%}\ \text{「A」}$$

問３　付加価値対固定資産比率の算定

(1)　固定資産の算定

固定資産＝122,000千円〈有形固定資産〉＋3,500千円〈無形固定資産〉
　　　　＋65,500千円〈投資その他の資産〉
　　　＝191,000千円

(2)　付加価値対固定資産比率の算定

$$\text{付加価値対固定資産比率(\%)} = \frac{\text{198,720千円〈付加価値〉}}{\text{191,000千円〈固定資産〉}} \times 100$$

$$\fallingdotseq \mathbf{104.04\%}$$

問４　資本集約度の算定

(1)　総職員数（期中平均値）の算定

$$\text{6,624千円〈労働生産性〉} = \frac{\text{198,720千円〈付加価値〉}}{\text{総職員数（期中平均値）}}$$

∴　総職員数（期中平均値）＝30人

(2)　資本集約度の算定

$$\text{資本集約度(千円)} = \frac{\text{480,000千円〈総資本〉}}{\text{30人〈総職員数(期中平均値)〉}}$$

$$= \mathbf{16,000千円}$$

問５　建設仮勘定の算定

$$\text{165.60\%〈設備投資効率〉} = \frac{\text{198,720千円〈付加価値〉}}{\text{122,000千円〈有形固定資産〉} - \text{建設仮勘定}} \times 100$$

∴　建設仮勘定＝**2,000千円**

第5問　30点

●数字…予想配点

問1

A	完成工事高キャッシュ・フロー率❷	2.16	%	(小数点第3位を四捨五入し、第2位まで記入)
B	総資本事業利益率❷	3.18	%	(同上)
C	立替工事高比率❷	53.86	%	(同上)
D	受取勘定滞留月数❷	7.13	月	(同上)
E	固定比率❷	89.70	%	(同上)
F	配当性向❷	30.34	%	(同上)
G	労働装備率❷	19628	千円	(千円未満を切り捨て)
H	自己資本比率❷	28.60	%	(小数点第3位を四捨五入し、第2位まで記入)
I	借入金依存度❷	17.14	%	(同上)
J	資本金経常利益率❷	43.65	%	(同上)

問2

記号（ア～ホ）

1	2	3	4	5	6	7	8	9	10
カ	ク	シ	ア	エ	オ	コ	ニ	ウ	ホ
❶	❶	❶	❶	❶	❶	❶	❶	❶	❶

※　7と8は順不同

解説

問1　諸比率の算定問題

A　完成工事高キャッシュ・フロー率

⑴　純キャッシュ・フローの算定

①　引当金増減額の算定

第32期末引当金合計額 = 3,700千円〈貸倒引当金(流動資産)〉
+ 32,400千円〈貸倒引当金(固定資産)〉
+ 9,700千円〈完成工事補償引当金〉
+ 11,100千円〈工事損失引当金〉
+ 4,700千円〈退職給付引当金〉
= 61,600千円

第33期末引当金合計額 = 3,500千円〈貸倒引当金（流動資産）〉
+ 34,900千円〈貸倒引当金（固定資産）〉
+ 7,800千円〈完成工事補償引当金〉
+ 35,900千円〈工事損失引当金〉
+ 3,400千円〈退職給付引当金〉
= 85,500千円

∴　引当金増減額 = 85,500千円〈第33期末〉 − 61,600千円〈第32期末〉
= 23,900千円

②　純キャッシュ・フローの算定

純キャッシュ・フロー = 92,300千円〈当期純利益（税引後）〉
− 2,500千円〈法人税等調整額〉
+ 6,800千円〈当期減価償却実施額〉
+ 23,900千円〈引当金増減額〉
− 28,000千円〈剰余金の配当の額〉
= 92,500千円

⑵　完成工事高キャッシュ・フロー率の算定

$$\text{完成工事高キャッシュ・フロー率(\%)} = \frac{\text{92,500千円〈純キャッシュ・フロー〉}}{\text{4,289,900千円〈完成工事高〉}} \times 100$$

≒ **2.16%**

B　総資本事業利益率

⑴　総資本（期中平均値）の算定

総資本（期中平均値） = （4,332,900千円〈第32期末〉
+ 4,425,500千円〈第33期末〉） ÷ 2
= 4,379,200千円

⑵　支払利息（他人資本利子）の算定

支払利息（他人資本利子）＝5,800千円〈支払利息〉＋700千円〈社債利息〉

＝6,500千円

⑶　事業利益の算定

事業利益＝132,900千円〈経常利益〉＋6,500千円〈支払利息（他人資本利子）〉

＝139,400千円

⑷　総資本事業利益率の算定

$$\text{総資本事業利益率}(\%) = \frac{139{,}400\text{千円〈事業利益〉}}{4{,}379{,}200\text{千円〈総資本(期中平均値)〉}} \times 100$$

≒**3.18%**

C　立替工事高比率

⑴　立替工事高比率の分子の算定

立替工事高比率の分子＝57,900千円〈受取手形〉＋2,492,200千円〈完成工事未収入金〉

＋109,400千円〈未成工事支出金〉－290,100千円〈未成工事受入金〉

＝2,369,400千円

⑵　立替工事高比率の算定

$$\text{立替工事高比率}(\%) = \frac{2{,}369{,}400\text{千円}}{4{,}289{,}900\text{千円〈完成工事高〉} + 109{,}400\text{千円〈未成工事支出金〉}} \times 100$$

≒**53.86%**

D　受取勘定滞留月数

$$\text{受取勘定滞留月数}(\text{月}) = \frac{57{,}900\text{千円〈受取手形〉} + 2{,}492{,}200\text{千円〈完成工事未収入金〉}}{4{,}289{,}900\text{千円〈完成工事高〉} \div 12}$$

≒**7.13月**

E　固定比率

$$\text{固定比率}(\%) = \frac{1{,}135{,}200\text{千円〈固定資産〉}}{1{,}265{,}500\text{千円〈自己資本〉}} \times 100$$

≒**89.70%**

F　配当性向

$$\text{配当性向}(\%) = \frac{28{,}000\text{千円〈剰余金の配当額〉}}{92{,}300\text{千円〈当期純利益〉}} \times 100$$

≒**30.34%**

G　労働装備率

労働装備率の算定では、建設仮勘定のように未稼働の資産は除きます。

(1)　有形固定資産－建設仮勘定（期中平均値）の算定

第32期末有形固定資産－建設仮勘定＝610,300千円〈有形固定資産〉
－116,500千円〈建設仮勘定〉
＝493,800千円

第33期末有形固定資産－建設仮勘定＝646,200千円〈有形固定資産〉
－158,600千円〈建設仮勘定〉
＝487,600千円

∴　有形固定資産－建設仮勘定（期中平均値）＝（493,800千円〈第32期末〉
＋487,600千円〈第33期末〉）÷2
＝490,700千円

(2)　総職員数（期中平均値）の算定

総職員数（期中平均値）＝（26人〈第32期末〉＋24人〈第33期末〉）÷2
＝25人

(3)　労働装備率の算定

$$\text{労働装備率(千円)}=\frac{\text{490,700千円〈有形固定資産－建設仮勘定(期中平均値)〉}}{\text{25人〈総職員数(期中平均値)〉}}$$

＝19,628千円

H　自己資本比率

$$\text{自己資本比率(\%)}=\frac{\text{1,265,500千円〈自己資本〉}}{\text{4,425,500千円〈総資本〉}}\times 100$$

≒28.60%

I　借入金依存度

$$\text{借入金依存度(\%)}=\frac{\text{274,600千円〈短期借入金〉＋300,000千円〈社債〉＋183,800千円〈長期借入金〉}}{\text{4,425,500千円〈総資本〉}}\times 100$$

≒17.14%

J　資本金経常利益率

(1)　資本金（期中平均値）の算定

資本金（期中平均値）＝（304,500千円〈第32期末〉＋304,500千円〈第33期末〉）÷2
＝304,500千円

(2)　資本金経常利益率の算定

$$\text{資本金経常利益率(\%)}=\frac{\text{132,900千円〈経常利益〉}}{\text{304,500千円〈資本金（期中平均値）〉}}\times 100$$

≒43.65%

問2　空欄記入問題（記号選択）

空欄を埋めると、次のような文章となります。

> 企業の**活動性**分析とは、資本や資産等が一定期間にどの程度運動したかを示すものである。回転期間の分母に用いられるのは、**完成工事高**であるが、項目別に回転を測定する場合には必ずしも適当であるとはいえず、例えば、未成工事支出金の回転率や回転期間をとらえるためには、**完成工事原価**と比較するべきである。なお、経営事項審査の経営状況の審査内容で用いられているのが、**負債**回転期間であり、この数値は**小さい**ほど好ましいといえる。
>
> また、企業の仕入、販売、代金回収活動に関する回転期間を総合的に判断する指標が、**キャッシュ・コンバージョン・サイクル**である。この指標は、**売上債権**回転日数と**棚卸資産**回転日数を足し、**仕入債務**回転日数を引くことで求められる。そして、この数値は**小さい**方が望ましいといえる。第33期における**売上債権**回転日数と**棚卸資産**回転日数の合計は**227(*)**日（小数点未満を切り捨て）である。

(*)　売上債権回転日数と棚卸資産回転日数の合計の算定

(1)　売上債権回転日数の算定

$$\text{売上債権回転日数(日)} = \frac{57{,}900\text{千円〈受取手形〉} + 2{,}492{,}200\text{千円〈完成工事未収入金〉}}{4{,}289{,}900\text{千円〈完成工事高〉}} \times 365$$

$$\fallingdotseq 216\text{日}$$

(2)　棚卸資産回転日数の算定

$$\text{棚卸資産回転日数(日)} = \frac{109{,}400\text{千円〈未成工事支出金〉} + 20{,}200\text{千円〈材料貯蔵品〉}}{3{,}963{,}600\text{千円〈完成工事原価〉}} \times 365$$

$$\fallingdotseq 11\text{日}$$

(3)　売上債権回転日数と棚卸資産回転日数の合計の算定

売上債権回転日数と棚卸資産回転日数の合計

= 216日〈売上債権回転日数〉+ 11日〈棚卸資産回転日数〉= **227日**

第34回　解答・解説

第1問　20点　解答にあたっては、各問とも指定した字数以内（句読点含む）で記入すること。

●数字…予想配点

問1

流動比率とは、流動負債に対する流動資産の割合のことをいい、企業の短期的支払能力を示すものである。❹流動比率は、アメリカにおいて、銀行が資金を貸し付けるときに重視したことから、銀行家比率ともいう。また、流動資産を帳簿価額の半分で処分しても流動負債の返済ができること、すなわち二百％以上が望ましいとされることから、2対1の原則ともいわれる。❹なお、我が国の大企業の流動比率の平均値は、アメリカと比べるとかなり低くなっているが、これは資本市場や金融機関に根ざすものであって、短期的支払能力がないとはいえない。❷

問2

棚卸資産滞留月数とは、完成工事高の1ヵ月分に対する棚卸資産の割合をいい、棚卸資産が完成工事高になるまでの期間を示す。❹ここで、棚卸資産とは、未成工事支出金および材料貯蔵品をいう。❷一般的に、棚卸資産の滞留は、月次の棚卸資産回転率を意味し、この回転率の鈍さは、財務の流動性に悪影響を与える。❷なお、建設業では棚卸資産の大半が未成工事支出金であり、未成工事支出金は工事内容により大きく変化するので、棚卸資産滞留月数で分析する場合、単に月数だけ見るのではなく、受注状況を考慮し資金効率の良否を判定する必要がある。❷

解説

問1　流動比率

流動比率は次の式によって求められます。

$$\text{流動比率（\%）}=\frac{\text{流動資産}}{\text{流動負債}}\times 100$$

また、建設業では流動資産の一部である未成工事支出金および流動負債の一部である未成工事受入金が巨額なので、この影響を排除するためにこれらを控除して流動比率を算定することもあります。

$$\text{流動比率（\%）}=\frac{\text{流動資産}-\text{未成工事支出金}}{\text{流動負債}-\text{未成工事受入金}}\times 100$$

この比率は企業の短期的な支払能力を示すものであり、アメリカで銀行が資金を貸し付けるときに重視したことから、銀行家比率ともいわれています。一般的に200％以上、すなわち流動資産が流動負債の２倍以上あることが望ましいとされており、これを「２対１の原則」といいます。

なぜなら、流動比率が200％以上の場合には、流動資産を帳簿価額の半分で処分しても、流動負債の返済ができると考えられるからです。

問2　棚卸資産滞留月数

棚卸資産滞留月数とは完成工事高の１か月分に対する棚卸資産の割合をいい、次の式によって求められます。

$$\text{棚卸資産滞留月数（月）}=\frac{\text{棚卸資産}}{\text{完成工事高}\div 12}$$

これは、棚卸資産が完成工事高になるまでの期間を示すものであり、この期間が長くなるほど財務の流動性が悪いということなので、一般的には短い方が望ましいとされています。

なお、建設業における棚卸資産とは、未成工事支出金と材料貯蔵品を指します。そして、建設業では、未成工事支出金が棚卸資産の大半を占めていることが多く、未成工事支出金は工事の内容によっても大きく変化するため、棚卸資産滞留月数で分析をする場合には、単に月数だけを見るのではなく、受注状況を考慮し、資金効率の良否を判定する必要があります。

第2問　15点

●数字…予想配点

記号（TまたはF）

1	2	3	4	5	
F	T	T	T	F	各❸

解説

財務分析に関する正誤判定

誤っているもの「F」について解説します。

1．建設業の貸借対照表に関する財務構造の特徴は、製造業と比べると、①固定資産の構成比が相対的に低い、②固定負債の構成比が相対的に低い、③資本・純資産の構成比が相対的に低い、という点が挙げられます。したがって「③資本・純資産の構成比が相対的に高い」という本問の記述は誤りです。

5．建設業における固定費と変動費の慣行的な区分は、固定費を販売費及び一般管理費と支払利息とし、変動費を工事原価すべてと支払利息以外の営業外費用のうち営業外収益で賄えない部分としています。したがって、本問の記述は「支払利息を変動費」としており、誤りです。

第3問　20点

●数字…予想配点

（A）	❹	62500	百万円	（百万円未満を切り捨て）
（B）	❹	20300	百万円	（同　上）
（C）	❹	13000	百万円	（同　上）
（D）	❹	105740	百万円	（同　上）
流動比率	❹	125.13	%	（小数点第3位を四捨五入し、第2位まで記入）

解説

1．受取手形（A）の算定

⑴　自己資本の算定

$$105.00\%\langle\text{固定比率}\rangle=\frac{163{,}800\text{百万円}\langle\text{固定資産}\rangle}{\text{自己資本}}\times 100$$

∴　自己資本＝156,000百万円

⑵　総資本の算定

総資本＝244,000百万円〈負債〉＋156,000百万円〈自己資本〉

＝400,000百万円

⑶　経常利益の算定

$$4.20\%\langle\text{総資本経常利益率}\rangle=\frac{\text{経常利益}}{400{,}000\text{百万円}\langle\text{総資本}\rangle}\times 100$$

∴　経常利益＝16,800百万円

⑷　完成工事高の算定

$$2.00\%\langle\text{完成工事高経常利益率}\rangle=\frac{16{,}800\text{百万円}\langle\text{経常利益}\rangle}{\text{完成工事高}}\times 100$$

∴　完成工事高＝840,000百万円

⑸　受取手形（A）の算定

$$2.30\text{月}\langle\text{受取勘定滞留月数}\rangle=\frac{\text{受取手形(A)}+98{,}500\text{百万円}\langle\text{完成工事未収入金}\rangle}{840{,}000\text{百万円}\langle\text{完成工事高}\rangle\div 12}$$

∴　受取手形（A）＝**62,500百万円**

2．投資有価証券（B）の算定

⑴　営業利益の算定

$$10.00\text{倍}\langle\text{金利負担能力}\rangle=\frac{\text{営業利益}+1{,}740\text{百万円}\langle\text{受取利息配当金}\rangle}{1{,}780\text{百万円}\langle\text{支払利息}\rangle}$$

∴　営業利益＝16,060百万円

⑵　経営資本の算定

$$4.40\%\langle\text{経営資本営業利益率}\rangle=\frac{16{,}060\text{百万円}\langle\text{営業利益}\rangle}{\text{経営資本}}\times 100$$

∴　経営資本＝365,000百万円

⑶　投資有価証券（B）の算定

365,000百万円〈経営資本〉＝400,000百万円〈総資本〉－14,700百万円〈建設仮勘定〉

－投資有価証券（B）

∴　投資有価証券（B）＝**20,300百万円**

3．未成工事受入金（C）の算定

⑴　長期借入金の算定

$$23.50\%\langle\text{借入金依存度}\rangle=\frac{23{,}000\text{百万円}\langle\text{短期借入金}\rangle+\text{長期借入金}}{400{,}000\text{百万円}\langle\text{総資本}\rangle}\times 100$$

∴　長期借入金＝71,000百万円（＝固定負債）

⑵　流動負債の算定

流動負債＝244,000百万円〈負債〉－71,000百万円〈固定負債〉
＝173,000百万円

⑶　当座資産の算定

当座資産＝39,000百万円〈現金預金〉＋62,500百万円〈受取手形（A）〉
＋98,500百万円〈完成工事未収入金〉
＝200,000百万円

⑷　未成工事受入金（C）の算定

$$125.00\%\langle\text{当座比率}\rangle=\frac{200{,}000\text{百万円}\langle\text{当座資産}\rangle}{173{,}000\text{百万円}\langle\text{流動負債}\rangle-\text{未成工事受入金（C）}}\times 100$$

∴　未成工事受入金（C）＝**13,000百万円**

4．販売費及び一般管理費（D）の算定

⑴　完成工事原価の算定

$$85.50\%\langle\text{完成工事原価率}\rangle=\frac{\text{完成工事原価}}{840{,}000\text{百万円}\langle\text{完成工事高}\rangle}\times 100$$

∴　完成工事原価＝718,200百万円

⑵　販売費及び一般管理費（D）の算定

16,060百万円〈営業利益〉＝840,000百万円〈完成工事高〉
－718,200百万円〈完成工事原価〉
－販売費及び一般管理費（D）

∴　販売費及び一般管理費（D）＝**105,740百万円**

5．流動比率の算定

⑴　流動資産の算定

流動資産＝400,000百万円〈総資本〉－163,800百万円〈固定資産〉
＝236,200百万円

⑵　未成工事支出金の算定

未成工事支出金＝236,200百万円〈流動資産〉－39,000百万円〈現金預金〉
－62,500百万円〈受取手形（A）〉
－98,500百万円〈完成工事未収入金〉－200百万円〈材料貯蔵品〉
＝36,000百万円

⑶　流動比率の算定

$$\text{流動比率}=\frac{236{,}200\text{百万円}\langle\text{流動資産}\rangle-36{,}000\text{百万円}\langle\text{未成工事支出金}\rangle}{173{,}000\text{百万円}\langle\text{流動負債}\rangle-13{,}000\text{百万円}\langle\text{未成工事受入金（C）}\rangle}\times 100$$

≒ **125.13%**

第4問　**15点**

●数字…予想配点

問1	❸	76400	千円（千円未満を切り捨て）
問2	❸	43636	千円（　同　　上　）
問3	❸	54400	千円（　同　　上　）
問4	❸	83275	千円（　同　　上　）
問5	❸	93807	千円（　同　　上　）

解説

問１　損益分岐点完成工事高の算定

$$4.50\%\langle\text{安全余裕率}\rangle=\frac{80{,}000\text{千円}\langle\text{完成工事高}\rangle-\text{損益分岐点完成工事高}}{80{,}000\text{千円}\langle\text{完成工事高}\rangle}\times 100$$

∴　損益分岐点完成工事高＝**76,400千円**

問２　資本回収点完成工事高の算定

(1)　総資本の算定

$$38.50\%\langle\text{自己資本比率}\rangle=\frac{\text{総資本}-39{,}360\text{千円}\langle\text{負債}\rangle}{\text{総資本}}\times 100$$

∴　総資本＝64,000千円

(2)　変動的資本の算定

変動的資本＝64,000千円〈総資本〉×70.00％〈変動的資本比率〉
＝44,800千円

(3)　固定的資本の算定

固定的資本＝64,000千円〈総資本〉－44,800千円〈変動的資本〉
＝19,200千円

(4)　資本回収点完成工事高の算定

$$\text{資本回収点完成工事高}=\frac{19{,}200\text{千円}\langle\text{固定的資本}\rangle}{1-\dfrac{44{,}800\text{千円}\langle\text{変動的資本}\rangle}{80{,}000\text{千円}\langle\text{完成工事高}\rangle}}$$

≒**43,636千円**

問３　第５期の変動費の算定

⑴　損益分岐点変動費の算定

76,400千円〈損益分岐点完成工事高〉－損益分岐点変動費－24,448千円〈固定費〉＝0

∴　損益分岐点変動費＝51,952千円

⑵　変動費率の算定

$$\text{変動費率}(\%)=\frac{51{,}952\text{千円〈損益分岐点変動費〉}}{76{,}400\text{千円〈損益分岐点完成工事高〉}}\times 100=68.00\%$$

⑶　第５期の変動費の算定

第５期の変動費＝80,000千円〈完成工事高〉×68.00％〈変動費率〉＝**54,400千円**

問４　第６期目標利益達成完成工事高の算定

⑴　限界利益率の算定

限界利益率＝100％－68.00％〈変動比率〉＝32.00％

⑵　第６期目標利益達成完成工事高

完成工事高×32.00％〈限界利益率〉＝24,448千円〈固定費〉＋2,200千円〈目標利益〉

∴　完成工事高＝**83,275千円**

問５　第７期の完成工事高

⑴　第７期固定費の算定

第７期固定費＝24,448千円〈第５期固定費〉＋880千円＝25,328千円

⑵　第７期完成工事高の算定

第７期完成工事高をＸとすると、限界利益0.32Ｘ（＝Ｘ×32％〈限界利益率〉)、営業利益は0.05Ｘ（＝Ｘ×５％〈完成工事高営業利益率〉）となることから、以下の方程式によりＸを求めることができます。

0.32Ｘ－25,328千円〈第７期固定費〉＝0.05Ｘ

∴　Ｘ≒**93,807千円**

第5問　30点　　　　●数字…予想配点

問1

A	立替工事高比率 ❷	46.78	%	(小数点第3位を四捨五入し、第2位まで記入)
B	固定長期適合比率 ❷	66.65	%	(　同　　上　)
C	棚卸資産回転率 ❷	30.44	回	(　同　　上　)
D	付加価値率 ❷	27.22	%	(　同　　上　)
E	自己資本事業利益率 ❷	1.60	%	(　同　　上　)
F	営業利益増減率 ❷	74.11	%	(　同　　上　) 記号(AまたはB) B
G	完成工事高キャッシュ・フロー率 ❷	1.22	%	(　同　　上　)
H	配当性向 ❷	30.30	%	(　同　　上　)
I	未成工事収支比率 ❷	329.76	%	(　同　　上　)
J	流動負債比率 ❷	171.92	%	(　同　　上　)

(別解) B　固定長期適合比率　46.29%

問2

記号 (ア～ム)

1	2	3	4	5	6	7	8	9	10
シ	ク	コ	ウ	ヘ	フ	ア	エ	チ	ネ

各❶

解説

問１　諸比率の算定問題

A　立替工事高比率

⑴　立替工事高比率の分子の算定

立替工事高比率の分子＝528,400千円〈受取手形〉＋2,246,700千円〈完成工事未収入金〉
＋153,900千円〈未成工事支出金〉
－507,500千円〈未成工事受入金〉
＝2,421,500千円

⑵　立替工事高比率の算定

立替工事高比率（％）

$$=\frac{2{,}421{,}500\text{千円}}{5{,}022{,}100\text{千円〈完成工事高〉}+153{,}900\text{千円〈未成工事支出金〉}}\times 100$$

≒**46.78％**

B　固定長期適合比率

$$\text{固定長期適合比率（％）}=\frac{1{,}291{,}810\text{千円〈固定資産〉}}{476{,}200\text{千円〈固定負債〉}+1{,}461{,}970\text{千円〈自己資本〉}}\times 100$$

≒**66.65％**

（別解）

また別解として有形固定資産の金額を固定負債と自己資本の合計額で除して求める方法もあります。

$$\text{固定長期適合比率（％）}=\frac{897{,}210\text{千円〈有形固定資産〉}}{476{,}200\text{千円〈固定負債〉}+1{,}461{,}970\text{千円〈自己資本〉}}\times 100$$

≒**46.29％**

C　棚卸資産回転率

⑴　棚卸資産（期中平均値）の算定

第33期末棚卸資産＝148,900千円〈未成工事支出金〉＋14,300千円〈材料貯蔵品〉
＝163,200千円

第34期末棚卸資産＝153,900千円〈未成工事支出金〉＋12,900千円〈材料貯蔵品〉
＝166,800千円

棚卸資産（期中平均値）＝（163,200千円〈第33期末〉＋166,800千円〈第34期末〉）÷２
＝165,000千円

⑵　棚卸資産回転率の算定

$$\text{棚卸資産回転率（回）}=\frac{5{,}022{,}100\text{千円〈完成工事高〉}}{165{,}000\text{千円〈棚卸資産（期中平均値）〉}}$$

≒**30.44回**

D　付加価値率

⑴　付加価値の算定

付加価値＝5,022,100千円〈完成工事高〉－（808,900千円〈材料費〉
＋39,300千円〈労務外注費〉＋2,807,100千円〈外注費〉）
＝1,366,800千円

⑵　付加価値率の算定

$$\text{付加価値率（％）}=\frac{\text{1,366,800千円〈付加価値〉}}{\text{5,022,100千円〈完成工事高〉}}\times 100 \fallingdotseq \mathbf{27.22\%}$$

E　自己資本事業利益率

⑴　自己資本（期中平均値）の算定

自己資本（期中平均値）＝（1,518,970千円〈第33期末〉＋1,461,970千円〈第34期末〉）÷ 2
＝1,490,470千円

⑵　支払利息の算定

支払利息＝9,530千円〈支払利息〉＋530千円〈社債利息〉＝10,060千円

⑶　事業利益の算定

事業利益＝13,730千円〈経常利益〉＋10,060千円〈支払利息〉＝23,790千円

⑷　自己資本事業利益率の算定

$$\text{自己資本事業利益率（％）}=\frac{\text{23,790千円〈事業利益〉}}{\text{1,490,470千円〈自己資本（期中平均値）〉}}\times 100 \fallingdotseq \mathbf{1.60\%}$$

F　営業利益増減率

$$\text{営業利益増減率（％）}=\frac{\text{41,300千円〈第34期〉}-\text{159,500千円〈第33期〉}}{\text{159,500千円〈第33期〉}}\times 100$$

$$\fallingdotseq \mathbf{\triangle 74.11\%}\quad\text{「}\mathbf{B}\text{」}$$

G　完成工事高キャッシュ・フロー率

(1)　純キャッシュ・フローの算定

①　引当金増減額の算定

第33期末引当金合計額＝3,450千円〈貸倒引当金(流動資産)〉
＋34,900千円〈貸倒引当金(固定資産)〉
＋7,900千円〈完成工事補償引当金〉
＋38,700千円〈工事損失引当金〉
＋22,300千円〈退職給付引当金〉
＝107,250千円

第34期末引当金合計額＝3,100千円〈貸倒引当金(流動資産)〉
＋38,600千円〈貸倒引当金(固定資産)〉
＋9,100千円〈完成工事補償引当金〉
＋111,000千円〈工事損失引当金〉
＋20,400千円〈退職給付引当金〉
＝182,200千円

引当金増減額＝182,200千円〈第34期末〉－107,250千円〈第33期末〉＝74,950千円

②　純キャッシュ・フローの算定

純キャッシュ・フロー＝5,610千円〈当期純利益(税引後)〉
－24,100千円〈法人税等調整額(貸方)〉
＋6,580千円〈当期減価償却実施額〉
＋74,950千円〈引当金増減額〉
－1,700千円〈剰余金の配当の額〉
＝61,340千円

(2)　完成工事高キャッシュ・フロー率の算定

$$\text{完成工事高キャッシュ・フロー率(\%)}=\frac{\text{61,340千円〈純キャッシュ・フロー〉}}{\text{5,022,100千円〈完成工事高〉}}\times 100$$

≒ **1.22%**

H　配当性向

$$\text{配当性向(\%)}=\frac{\text{1,700千円〈繰越利益剰余金を原資として実施した配当の額〉}}{\text{5,610千円〈当期純利益〉}}\times 100$$

≒ **30.30%**

I　未成工事収支比率

$$\text{未成工事収支比率(\%)}=\frac{\text{507,500千円〈未成工事受入金〉}}{\text{153,900千円〈未成工事支出金〉}}\times 100 ≒ \textbf{329.76\%}$$

J　流動負債比率

$$\text{流動負債比率(\%)}=\frac{\text{3,020,900千円〈流動負債〉}-\text{507,500千円〈未成工事受入金〉}}{\text{1,461,970千円〈自己資本〉}}\times 100$$

≒ **171.92%**

問２　空欄記入問題（記号選択）

空欄を埋めると、次のような文章となります。

> ⑴　生産性分析の基本指標は、付加価値労働生産性の測定であるが、この労働生産性はいくつかの要因に分解して分析することができる。一つは、一人当たり**完成工事高**×付加価値率に分解され、二つめは、**資本集約度**×総資本投資効率であり、**資本集約度**は一人当たり総資本を示すものである。三つめは、**労働装備率**×**設備投資効率**である。**労働装備率**は、従業員一人当たりの生産設備への投資額を示しており、工事現場の機械化の水準を示している。第34期における**資本集約度**は**76,900**千円（＊１）（千円未満切り捨て）であり、**設備投資効率**は**187.62**%（＊２）である。
>
> ⑵　経営事項審査において、経営状況（Ｙ）には具体的な審査内容は８つあるが、その中で数値が低いほど好ましい指標は**純支払利息比率**と**負債回転期間**である。第34期における**純支払利息比率**は**0.04**%（＊３）であり、**負債回転期間**は**8.36**月（＊４）である。

1．資本集約度の算定（＊１）

⑴　総資本（期中平均値）の算定

総資本(期中平均値)＝(4,576,570千円〈第33期末〉＋4,959,070千円〈第34期末〉)÷２
＝4,767,820千円

⑵　総職員数（期中平均値）の算定

総職員数(期中平均値)＝(60人〈第33期末〉＋64人〈第34期末〉)÷２＝62人

⑶　資本集約度の算定

$$\text{資本集約度}=\frac{4{,}767{,}820\text{千円〈総資本(期中平均値)〉}}{62\text{人〈総職員数(期中平均値)〉}}$$

≒**76,900千円**

2．設備投資効率の算定（＊２）

⑴　有形固定資産－建設仮勘定（期中平均値）の算定

第33期末有形固定資産－建設仮勘定＝848,850千円〈有形固定資産〉－133,400千円〈建設仮勘定〉
＝715,450千円

第34期末有形固定資産－建設仮勘定＝897,210千円〈有形固定資産〉
－155,700千円〈建設仮勘定〉＝741,510千円

有形固定資産－建設仮勘定(期中平均値)
＝(715,450千円〈第33期末〉＋741,510千円〈第34期末〉)÷２＝728,480千円

⑵　設備投資効率の算定

$$\text{設備投資効率}(\%)=\frac{1{,}366{,}800\text{千円〈付加価値〉}}{728{,}480\text{千円〈有形固定資産－建設仮勘定(期中平均値)〉}}\times 100$$

≒**187.62%**

3．純支払利息比率の算定（＊3）

(1) 受取利息及び配当金の算定

受取利息及び配当金＝3,830千円〈受取利息〉＋4,090千円〈受取配当金〉

＝7,920千円

(2) 純支払利息比率の算定

純支払利息比率（％）

$$= \frac{10{,}060\text{千円〈支払利息〉} - 7{,}920\text{千円〈受取利息及び配当金〉}}{5{,}022{,}100\text{千円〈完成工事高〉}} \times 100$$

≒ **0.04%**

4．負債回転期間の算定（＊4）

$$\text{負債回転期間（月）} = \frac{3{,}020{,}900\text{千円〈流動負債〉} + 476{,}200\text{千円〈固定負債〉}}{5{,}022{,}100\text{千円〈完成工事高〉} \div 12}$$

≒ **8.36月**

MEMO

スッキリとける問題集《もんだいしゅう》　建設業経理士《けんせつぎょうけいりし》1級《きゅう》　財務分析《ざいむぶんせき》　第《だい》5版《はん》

2013年11月15日　初 版　第1刷発行
2024年 6 月25日　第5版　第1刷発行

編 著 者　TAC出版開発グループ
発 行 者　多 田 敏 男
発 行 所　TAC株式会社　出版事業部
（TAC出版）
〒101-8383
東京都千代田区神田三崎町3-2-18
電 話 03（5276）9492（営業）
FAX 03（5276）9674
https://shuppan.tac-school.co.jp
印 刷　株式会社 ワ コ ー
製 本　東京美術紙工協業組合

ISBN 978-4-300-11208-3
N.D.C. 336

建設業経理士検定講座のご案内

Web通信講座　DVD通信講座　資料通信講座（1級総合本科生のみ）

オリジナル教材　合格までのノウハウを結集！

これが TAC

テキスト

試験の出題傾向を徹底分析。最短距離での合格を目標に、確実に理解できるように工夫されています。

トレーニング

合格を確実なものとするためには欠かせないアウトプットトレーニング用教材です。出題パターンと解答テクニックを修得してください。

的中答練

講義を一通り修了した段階で、本試験形式の問題練習を繰り返しトレーニングします。これにより、一層の実力アップが図れます。

DVD

TAC専任講師の講義を収録したDVDです。画面を通して、講義の迫力とポイントが伝わり、よりわかりやすく、より効率的に学習が進められます。［DVD通信講座のみ送付］

学習メディア　ライフスタイルに合わせて選べる！

Web通信講座

スマホやタブレットにも対応

見て学ぶ

講義をブロードバンドを利用し動画で配信します。ご自身のペースに合わせて、24時間いつでも何度でも繰り返し受講することができます。また、講義動画は専用アプリにダウンロードして2週間視聴可能です。有効期間内は何度でもダウンロード可能です。

※Web通信講座の配信期間は、受講された試験月の末日までです。

TAC WEB SCHOOL ホームページ　URL　https://portal.tac-school.co.jp/

※お申込み前に、右記のサイトにて必ず動作環境をご確認ください。

DVD通信講座

見て学ぶ

講義を収録したデジタル映像をご自宅にお届けします。
配信期限やネット環境を気にせず受講できるので安心です。

※DVD-Rメディア対応のDVDプレーヤーでのみ受講が可能です。パソコンやゲーム機での動作保証はいたしておりません。

資料通信講座（1級総合本科生のみ）

テキスト・添削問題を中心として学習します。

Webでも無料配信中！　スマホ タブレット　パソコン　「TAC動画チャンネル」

- 入門セミナー　※収録内容の変更のため、配信されない期間が生じる場合がございます。
- 1回目の講義（前半分）が視聴できます

詳しくは、TACホームページ「TAC動画チャンネル」をクリック！

TAC動画チャンネル　建設業　検索

コースの詳細は、建設業経理士検定講座パンフレット・TACホームページをご覧ください。

パンフレットのご請求・お問い合わせは、**TACカスタマーセンターまで**

通話無料　0120-509《ゴウカク》-117《イイナ》

※営業時間短縮の場合がございます。詳細はHPでご確認ください。

受付時間　月〜金　9:30〜19:00　土・日・祝　9:30〜18:00

TAC建設業経理士検定講座ホームページ

TAC建設業　検索

合格カリキュラム　ご自身のレベルに合わせて無理なく学習！

1級受験対策コース ▶ 財務諸表　財務分析　原価計算

1級総合本科生　対象　日商簿記2級・建設業2級修了者、日商簿記1級修了者

財務諸表		財務分析		原価計算	
財務諸表本科生		財務分析本科生		原価計算本科生	
財務諸表講義	財務諸表的中答練	財務分析講義	財務分析的中答練	原価計算講義	原価計算的中答練

※上記の他、1級的中答練セットもございます。

2級受験対策コース

2級本科生（日商3級講義付）　対象　初学者（簿記知識がゼロの方）

日商簿記3級講義 → 2級講義 → 2級的中答練

2級本科生　対象　日商簿記3級・建設業3級修了者

2級講義 → 2級的中答練

日商2級修了者用2級セット　対象　日商簿記2級修了者

日商2級修了者用2級講義 → 2級的中答練

※上記の他、単科申込みのコースもございます。※上記コース内容は予告なく変更される場合がございます。あらかじめご了承ください。

合格カリキュラムの詳細は、TACホームページをご覧になるか、パンフレットにてご確認ください。

安心のフォロー制度　充実のバックアップ体制で、学習を強力サポート！

＝Web・DVD・資料通信講座でのフォロー制度です。

1. 受講のしやすさを考えた制度

随時入学

“始めたい時が開講日”。視聴開始日・送付開始日以降ならいつでも受講を開始できます。

2. 困った時、わからない時のフォロー

質問電話

講師とのコミュニケーションツール。疑問点・不明点は、質問電話ですぐに解決しましょう。

質問カード

講師と接する機会の少ない通信受講生も、質問カードを利用すればいつでも疑問点・不明点を講師に質問し、解決できます。また、実際に質問事項を書くことによって、理解も深まります（利用回数：10回）。

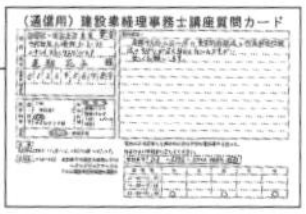

質問メール

受講生専用のWebサイト「マイページ」より質問メール機能がご利用いただけます（利用回数：10回）。

※質問カード、メールの使用回数の上限は合算で10回までとなります。

3. その他の特典

再受講割引制度

過去に、本科生（1級各科目本科生含む）を受講されたことのある方が、同一コースをもう一度受講される場合には再受講割引受講料でお申込みいただけます。

※以前受講されていた時の会員証をご提示いただき、お手続きをしてください。

※テキスト・問題集はお渡ししておりませんのでお手持ちのテキスト等をご使用ください。テキスト等のver.変更があった場合は、別途お買い求めください。

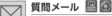

会計業界の就職サポートは
安心のTAC
TACキャリアエージェントなら
BIG4・国内大手法人
就職支援実績多数！
税理士学習中の方
日商簿記学習中の方
会計士／USCPA学習中の方
会計業界で就業中の方で転職をお考えの方
会計業界でのお仕事に興味のある方
「残業なしで勉強時間を確保したい…」
「簿記３級から始められる仕事はあるの？」
といったご相談も大歓迎です！
スキマ時間に
PC・スマホ・タブレットで
WEB面談実施中!
忙しくて時間の取れない方、遠方にお住まいの方、ぜひご利用ください。
詳細はこちら!
https://tacnavi.com/accountant/web-mendan/
完全予約制
ご相談は無料です。会計業界を知り尽くしたプロのコンサルタントにご相談ください。
※相談時間は原則としてお一人様60分とさせていただきます。
【相談会場】
東京オフィス 03-3518-6775
大阪オフィス 06-6371-5851
名古屋オフィス（登録会場） 0120-757-655
shoukai@tac-school.co.jp
メールでご予約の際は、件名に「相談希望のオフィス」をご入力ください。
(例:相談希望 東京)
TAC
会計士・税理士専門の転職サポートサービス
キャリアエージェント

書籍の正誤に関するご確認とお問合せについて

書籍の記載内容に誤りではないかと思われる箇所がございましたら、以下の手順にてご確認とお問合せをしてくださいますよう、お願い申し上げます。
なお、正誤のお問合せ以外の**書籍内容に関する解説および受験指導などは、一切行っておりません。**
そのようなお問合せにつきましては、お答えいたしかねますので、あらかじめご了承ください。

1 「Cyber Book Store」にて正誤表を確認する

TAC出版書籍販売サイト「Cyber Book Store」の
トップページ内「正誤表」コーナーにて、正誤表をご確認ください。

CYBER BOOK STORE TAC出版書籍販売サイト

URL:https://bookstore.tac-school.co.jp/

2 1の正誤表がない、あるいは正誤表に該当箇所の記載がない ⇒ 下記①、②のどちらかの方法で文書にて問合せをする

★ご注意ください★

お電話でのお問合せは、お受けいたしません。
①、②のどちらの方法でも、お問合せの際には、「お名前」とともに、
「対象の書籍名(○級・第○回対策も含む)およびその版数(第○版・○○年度版など)」
「お問合せ該当箇所の頁数と行数」
「誤りと思われる記載」
「正しいとお考えになる記載とその根拠」
を明記してください。
なお、回答までに1週間前後を要する場合もございます。あらかじめご了承ください。

① ウェブページ「Cyber Book Store」内の「お問合せフォーム」より問合せをする

【お問合せフォームアドレス】

https://bookstore.tac-school.co.jp/inquiry/

② メールにより問合せをする

【メール宛先　TAC出版】

syuppan-h@tac-school.co.jp

※土日祝日はお問合せ対応をおこなっておりません。
※正誤のお問合せ対応は、該当書籍の改訂版刊行月末日までといたします。

乱丁・落丁による交換は、該当書籍の改訂版刊行月末日までといたします。なお、書籍の在庫状況等により、お受けできない場合もございます。
また、各種本試験の実施の延期、中止を理由とした本書の返品はお受けいたしません。返金もいたしかねますので、あらかじめご了承くださいますようお願い申し上げます。

TACにおける個人情報の取り扱いについて
■お預かりした個人情報は、TAC(株)で管理させていただき、お問合せへの対応、当社の記録保管にのみ利用いたします。お客様の同意なしに業務委託先以外の第三者に開示、提供することはございません(法令等により開示を求められた場合を除く)。その他、個人情報保護管理者、お預かりした個人情報の開示等及びTAC(株)への個人情報の提供の任意性については、当社ホームページ(https://www.tac-school.co.jp)をご覧いただくか、個人情報に関するお問い合わせ窓口(E-mail:privacy@tac-school.co.jp)までお問合せください。

(2022年7月現在)

別　冊

○論点別問題編　解答用紙
○過去問題編　　問題・解答用紙

〈ご利用時の注意〉

本冊子には**論点別問題編 解答用紙**と**過去問題編 問題・解答用紙**が収録されています。

この色紙を残したままていねいに抜き取り、ご利用ください。

本冊子は以下のような構造になっております。

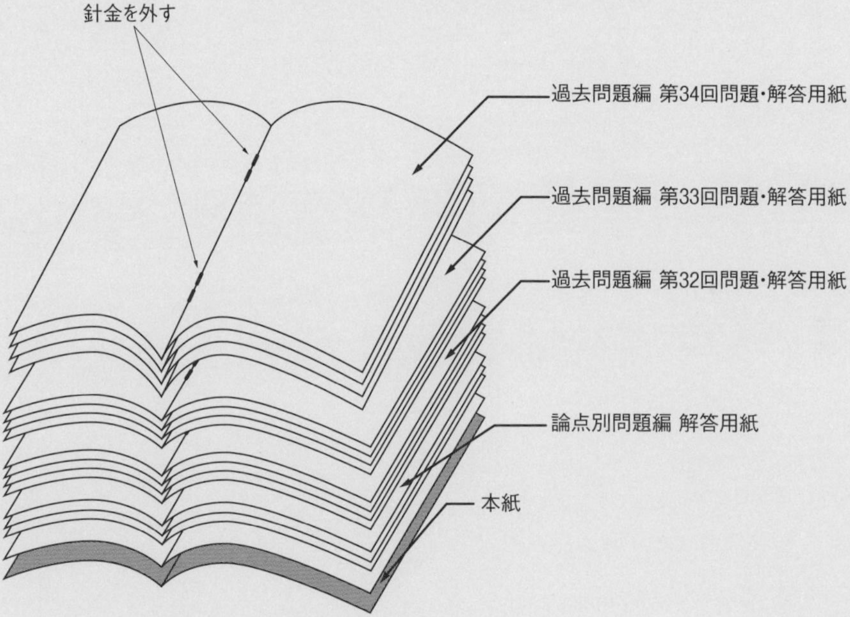

上下2カ所の針金を外してご使用ください。

針金を外す際には、ペンチ、軍手などを使用し、怪我などには十分ご注意ください。また、抜き取りの際の損傷についてのお取替えはご遠慮願います。

論点別問題編

解答用紙

解答用紙はダウンロードもご利用いただけます。
TAC出版書籍販売サイト・サイバーブックストアにアクセスしてください。
https://bookstore.tac-school.co.jp/

問題 1

〔問1〕

〔問2〕

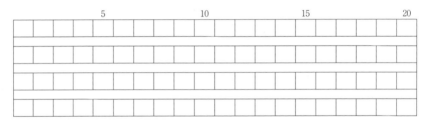

問題 2

問題 3

〔問1〕

〔問2〕

〔問3〕

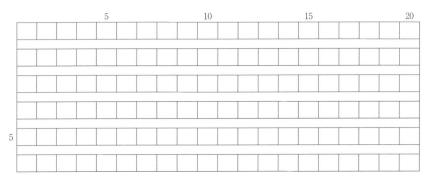

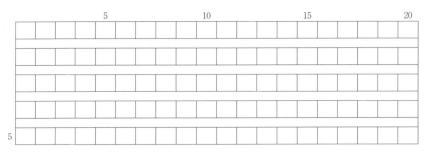

問題 4

	1	2	3	4	5	6	7	8	9
記号（ア～タ）									

問題 5

問題 6

	1	2	3	4	5	6	7	8
記号 （ア～タ）								

問題 7

問題 8

	1	2	3	4	5	6
記号（ア～ス）						

問題 9

問題 10

経営資本営業利益率　　　　%

問題 11

〔問1〕

第20期　総資本営業利益率　　　　%（小数点以下第2位を四捨五入すること）

経営資本営業利益率　　　　%（　　同　　上　　）

第21期　総資本営業利益率　　　　%（　　同　　上　　）

経営資本営業利益率　　　　%（　　同　　上　　）

〔問2〕

	1	2	3	4	5	6
記号（ア～シ）						

問題 12

〔問１〕

	第19期		第20期		
総資本営業利益率		%		%	（小数点以下第２位を四捨五入すること）
経営資本営業利益率		%		%	（　　　同　　　上　　　）

〔問２〕

	1	2	3	4	5
記号 （ア～サ）					

問題 13

	1	2	3	4	5	6	7	8	9
記号 （ア～セ）									

問題 14

(1)		%	(2)		%	(3)		%
(4)		%	(5)		%			

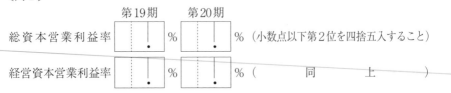

問題 15

	1	2	3	4	5
記号（ア～コ）					

問題 16

(1) ＿＿＿.＿ %　(2) ＿＿＿.＿ %　(3) ＿＿＿.＿ %

(4) ＿＿＿.＿ %

問題 17

(1) 総資本営業利益率 ＿＿.＿ %

(2) 総資本経常利益率 ＿＿.＿ %

(3) 経営資本営業利益率 ＿＿.＿ %

(4) 完成工事高総利益率 ＿＿.＿ %

(5) 完成工事高営業利益率 ＿＿.＿ %

(6) 完成工事高キャッシュ・フロー率 ＿＿.＿ %

問題 18

(1) 総資本経常利益率 ＿＿＿ %

(2) 経営資本営業利益率 ＿＿＿ %

(3) 自己資本当期純利益率 ＿＿＿ %

(4) 自己資本事業利益率 ＿＿＿ %

(5) 完成工事高経常利益率 ＿＿＿ %

(6) 完成工事高対販売費及び一般管理費率 ＿＿＿ %

問題 19

	1	2	3	4	5
記号（ア～タ）					
	6	7	8	9	10

問題 20

〔問１〕

(1) ＿＿＿ %　(2) ＿＿＿ 千円

(3) ＿＿＿ 千円　(4) ＿＿＿ 千円

〔問２〕

＿＿＿ 千円

問題 21

(1) 　　　　千円　(2) 　　.　%　(3) 　　.　%

(4) 　　　　千円　(5) 　　　　千円

(6) 　.

問題 22

	1	2	3	4	5	6	7
記号（ア〜シ）							

問題 23

	1	2	3	4	5
記号（ア〜ト）					
	6	7	8	9	10

問題 24

〔問１〕

〔問２〕

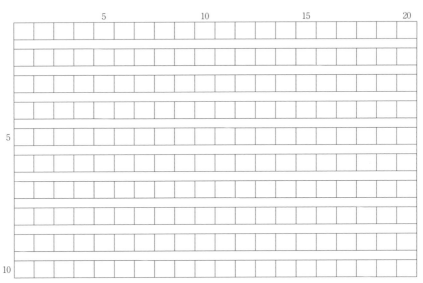

問題 25

	1	2	3	4	5	6	7	8
記号 （ア～ス）								

問題 26

(1)(a)		%	(1)(b)		%
(2)(a)		%	(2)(b)		%
(3)		%	(4)		%
(5)		%	(6)		%
(7)		%	(8)		%
(9)		月	(10)		月
(11)(a)		%	(11)(b)		%
(12)		月	(13)		%
(14)		月	(15)		%

問題 27

当座比率 　 %

問題 28

〔問１〕

	X社	Y社
A 流　動　比　率		
B 当　座　比　率		
C 固　定　比　率		
D 固定長期適合比率		
E 自己資本比率		
F 負　債　比　率		

〔問２〕

記号（ア～シ）	1	2	3	4	5
	6	7	8	9	10

問題 29

A	未成工事支出金		百万円
B	償却対象資産		百万円
C	資本金		百万円
D	流動比率	.	%（小数点以下第3位を四捨五入し，第2位まで記入すること）
E	借入金依存度	.	%（同上）
F	流動負債比率	.	%（同上）
G	受取勘定滞留月数	.	月（同上）
H	完成工事未収入金滞留月数	.	月（同上）
I	必要運転資金月商倍率	.	月（同上）
J	固定負債比率	.	%（同上）
K	固定長期適合比率	.	%（同上）
L	営業キャッシュ・フロー対流動負債比率	.	%（同上）

問題 30

〔問1〕

A　負　債　比　率	.	%	(小数点以下第3位を四捨五入し，第2位まで記入すること)
B　当　座　比　率	.	%	(　同　上　)
C　固　定　比　率	.	%	(　同　上　)
D　固定長期適合比率	.	%	(　同　上　)
E　金　利　負　担　能　力	.	倍	(　同　上　)
F　受取勘定滞留月数	.	月	(　同　上　)
G　必要運転資金滞留月数	.	月	(　同　上　)

〔問2〕

	1	2	3	4	5
記号 (ア～ス)					

問題 31

	1	2	3	4	5	6	7	8
記号 (ア～チ)								

問題 32

問題 33

	1	2	3	4	5	6	7
記号 （ア～ソ）							

問題 34

正味運転資本型資金運用表

（単位：千円）

1．資金の源泉		
税引前当期純利益		
非資金費用		
減価償却費		
退職給付費用		
小　　計		
2．資金の運用		
固定資産		
有形固定資産の取得		
投資その他の資産の増加		
固定負債		
長期借入金の返済		
退職給付引当金の取崩		
剰余金の配当		
小　　計		
差引（正味運転資本の増加）		
3．正味運転資本変動の明細		
(1) 正味運転資本の増加		
流動資産		
現金預金の増加		
受取手形の増加		
完成工事未収入金の増加		
未成工事支出金の増加		
材料貯蔵品の増加		
その他の流動資産の増加		
流動負債		
その他の流動負債の減少		
小　　計		
(2) 正味運転資本の減少		
流動負債		
支払手形の増加		
工事未払金の増加		
短期借入金の増加		
未成工事受入金の増加		
小　　計		
差引（正味運転資本の増加）		

問題 35

第30期資金運用表（正味運転資本型）

（単位：百万円）

Ⅰ．資金の源泉		
税引前当期純利益		2，460
非資金費用		
小計		
Ⅱ．資金の運用		
固定資産		
有形固定資産の取得		
投資その他の資産の増加	2，334	
固定負債		
退職給付引当金の取崩	36	
小計		
差引　　　の		

（注）正味運転資本変動の状況

流動資産の純増加	
流動負債の純増加	
差引正味運転資本の	

問題 36

第10期資金運用表（正味運転資本型）

（単位：百万円）

Ⅰ．資金の源泉		
税引前当期純利益		
非資金費用		
減価償却費		
退職給付費用		
小計		
Ⅱ．資金の運用		
固定資産		
投資その他の資産の増加		
固定負債		
剰余金の配当		
小計		
差引 　　の		
（注）正味運転資本変動の状況		
流動資産の純増加		
流動負債の純増加		
差引 　　の		

問題 37

	1	2	3	4	5	6
記号（ア～ク）						

問題 38

	1	2	3	4	5	6
記号（ア～セ）						

問題 39

	1	2	3	4	5	6
記号（ア～サ）						

問題 40

	1	2	3	4	5	6	7
記号（ア～チ）							

問題 41

(1) | | | . | | 回　(2) | | | . | | 回　(3) | | | . | | 回

(4) | | | . | | 月　(5) | | | . | | 月

問題 42

	1	2	3	4	5	6
記号（ア～ク）						

問題 43

A　部　門　　月

B　部　門　　月

C　部　門　　月

会 社 全 体　　月

問題 44

(1)　完成工事高営業利益率　　%

(2)　経営資本営業利益率　　%

問題 45

	1	2	3	4	5
記号（ア～ク）					

過去問題編

問題・解答用紙

3回分収載

- 第32回試験（2023年3月実施）
- 第33回試験（2023年9月実施）
- 第34回試験（2024年3月実施）

解答用紙はダウンロードもご利用いただけます。
TAC出版書籍販売サイト・サイバーブックストアにアクセスしてください。
https://bookstore.tac-school.co.jp/

第32回　問題

第1問
20点

総合評価の手法に関する次の問に解答しなさい。各問ともに指定した字数以内で記入すること。

問１　指数法について説明しなさい。(250字)

問２　「経営事項審査」における総合評点の特徴について説明しなさい。(250字)

第2問
15点

次の文中の［　　］に入る最も適当な用語を下記の〈用語群〉から選び、その記号（ア～ヘ）を解答用紙の所定の欄に記入しなさい。

生産性分析の中心概念は［ 1 ］である。一般にこの計算方法は２つあるが、建設業においては［ 2 ］が採用されており、その算式は、［ 3 ］－（［ 4 ］＋外注費）で示される。『建設業の経営分析』では、この［ 1 ］を［ 5 ］と呼ぶこともある。

投下資本がどれほど生産性に貢献したかという生産的効率を意味するものが［ 6 ］である。その計算において、分子に［ 1 ］を、分母に有形固定資産が使用される［ 6 ］を［ 7 ］という。なお、有形固定資産の金額は、現在の有効投資を示すものでなければならないので、［ 8 ］の

第3問 20点

次の〈資料〉に基づいて（　A　）～（　D　）の金額を算定するとともに、支払勘定回転率も算定し、解答用紙の所定の欄に記入しなさい。この会社の会計期間は1年である。なお、解答に際しての端数処理については、解答用紙の指定のとおりとする。

〈資料〉

1．貸借対照表

貸借対照表

（単位：百万円）

（資産の部）		（負債の部）	
現金預金	×××	支払手形	×××
受取手形	31,640	工事未払金	×××
完成工事未収入金	（　A　）	短期借入金	9,190
未成工事支出金	14,590	未払法人税等	3,500
材料貯蔵品	×××	未成工事受入金	（　B　）
流動資産合計	×××	流動負債合計	×××
建物	16,000	長期借入金	×××
機械装置	9,100	固定負債合計	×××
工具器具備品	3,200	負債合計	128,310
車両運搬具	×××	（純資産の部）	
建設仮勘定	900	資本金	×××
土地	×××	資本剰余金	×××

3．関連データ（注１）

総資本経常利益率	2.50％	現金預金手持月数	1.50月
経営資本回転期間	9.80月	固定長期適合比率（注３）	90.00％
流動比率（注２）	110.00％	有利子負債月商倍率	1.20月
当座比率（注２）	109.70％	金利負担能力	7.00倍
自己資本比率	35.00％		

（注１）算定にあたって期中平均値を使用することが望ましい比率についても、便宜上、期末残高の数値を用いて算定している。

（注２）流動比率及び当座比率の算定は、建設業特有の勘定科目の金額を控除する方法によっている。

（注３）固定長期適合比率の算定は、一般的な方法によっている。

第4問 15点

次の〈資料〉に基づき、下記の設問に答えなさい。なお、解答に際しての端数処理については、解答用紙の指定のとおりとする。

〈資料〉

第５期・第６期の完成工事高および総費用

第5問　30点

A建設株式会社の第31期（決算日：20×5年3月31日）及び第32期（決算日：20×6年3月31日）の財務諸表並びにその関連データは**〈別添資料〉**のとおりであった。次の設問に解答しなさい。

問1　第32期について、次の諸比率（A～J）を算定しなさい。期中平均値を使用することが望ましい数値については、そのような処置をすること。また、Fの完成工事高増減率がプラスの場合は「A」、マイナスの場合は「B」を解答用紙の所定の欄に記入しなさい。なお、解答に際しての端数処理については、解答用紙の指定のとおりとする。

A　経営資本営業利益率　　B　立替工事高比率　　C　運転資本保有月数
D　借入金依存度　　E　棚卸資産滞留月数　　F　完成工事高増減率
G　営業キャッシュ・フロー対流動負債比率　　H　配当率　　I　未成工事収支比率
J　労働装備率

問2　同社の財務諸表とその関連データを参照しながら、次に示す文中の□の中に入れるべき最も適当な用語・数値を下記の〈用語・数値群〉の中から選び、その記号（ア～ヤ）で解答しなさい。期中平均値を使用することが望ましい数値については、そのような処置をし、小数点第3位を四捨五入している。

第5問〈別添資料〉

A建設株式会社の第31期及び第32期の財務諸表並びにその関連データ

貸借対照表

（単位：千円）

	第31期 20×5年3月31日現在	第32期 20×6年3月31日現在		第31期 20×5年3月31日現在	第32期 20×6年3月31日現在
（資産の部）			（負債の部）		
Ⅰ　流動資産			Ⅰ　流動負債		
現金預金	216,130	331,560	支払手形	13,370	16,900
受取手形	32,600	27,300	工事未払金	448,000	482,500
完成工事未収入金	1,401,700	1,395,700	短期借入金	74,600	94,800
有価証券	1,240	120	未払金	23,800	18,900
未成工事支出金	48,740	26,100	未払法人税等	45,230	16,600
材料貯蔵品	800	920	未成工事受入金	157,100	115,400
その他流動資産	130,400	119,380	預り金	245,600	256,100
貸倒引当金	△　1,540	△　1,520	完成工事補償引当金	4,620	5,400
［流動資産合計］	1,830,070	1,899,560	工事損失引当金	8,630	9,730
Ⅱ　固定資産			その他流動負債	40,100	37,400
1．有形固定資産			［流動負債合計］	1,061,050	1,053,730
建物	155,300	147,800	Ⅱ　固定負債		
構築物	2,300	3,600	社債	110,000	120,000
機械装置	11,700	12,300	長期借入金	233,400	261,700
車両運搬具	600	610	退職給付引当金	48,500	51,000
工具器具備品	4,300	4,100	その他固定負債	124,500	118,300

損益計算書

（単位：千円）

	第31期 自 20×4年4月 1日 至 20×5年3月31日		第32期 自 20×5年4月 1日 至 20×6年3月31日	
Ⅰ 完成工事高		2,207,100		2,424,600
Ⅱ 完成工事原価		1,892,300		2,106,200
完成工事総利益		314,800		318,400
Ⅲ 販売費及び一般管理費		186,000		191,900
営業利益		128,800		126,500
Ⅳ 営業外収益				
受取利息	320		430	
受取配当金	11,800		12,000	
その他営業外収益	11,200	23,320	5,700	18,130
Ⅴ 営業外費用				
支払利息	3,670		3,930	
社債利息	2,200		2,400	
為替差損	130		110	
その他営業外費用	120	6,120	90	6,530
経常利益		146,000		138,100
Ⅵ 特別利益		4,300		32,100
Ⅶ 特別損失		3,100		200

完成工事原価報告書

（単位：千円）

		第31期 自　20×4年4月　1日 至　20×5年3月31日		第32期 自　20×5年4月　1日 至　20×6年3月31日
Ⅰ　材料費		340,600		400,200
Ⅱ　労務費		18,900		21,100
（うち労務外注費）	(18,900)		(21,100)	
Ⅲ　外注費		1,173,200		1,326,900
Ⅳ　経費		359,600		358,000
完成工事原価		1,892,300		2,106,200

各期末時点の総職員数

	第31期	第32期
総職員数	26人	28人

第32回　解答用紙

第1問　**20点**

解答にあたっては、各問とも指定した字数以内（句読点含む）で記入すること。

問1

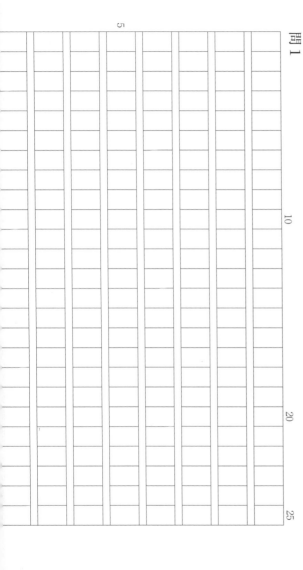

第2問　15点

記号（ア～ヘ）

1	2	3	4	5	6	7

8	9	10	11	12	13

第3問　20点

（A）　　　百万円（百万円未満を切り捨て）

（B）　　　百万円（　同　上　）

（C）　　　百万円（　同　上　）

第5問　30点

問1

A　経営資本営業利益率　[　　.　　] %　（小数点第3位を四捨五入し、第2位まで記入）

B　立替工事高比率　[　　.　　] %　（　同　上　）

C　運転資本保有月数　[　　.　　] 月　（　同　上　）

D　借入金依存度　[　　.　　] %　（　同　上　）

E　棚卸資産滞留月数　[　　.　　] 月　（　同　上　）

F　完成工事高増減率　[　　.　　] %　（　同　上　）　記号(AまたはB) [　　]

G　営業キャッシュ・フロー対流動負債比率　[　　.　　] %　（　同　上　）

H　配当率　[　　.　　] %　（　同　上　）

I　未成工事収支比率　[　　.　　] %　（　同　上　）

第33回　問題

第1問
20点

成長性分析に関する次の問に解答しなさい。各問ともに指定した字数以内で記入すること。

問１　財務分析における成長性分析の意義について説明しなさい。(200字)
問２　成長性分析の基本的な手法について説明しなさい。(300字)

第2問
15点

次の文中の［　　］の中に入る最も適当な用語を下記の〈用語群〉の中から選び、その記号（ア～へ）を解答用紙の所定の欄に記入しなさい。

原価と売上高と利益の相関関係を的確に把握するために、建設業の［　1　］分析においては、［　2　］利益段階での分析を行うことを慣行としている。これは、建設業における資金調達の重要性が加味されていることを意味する。したがって、簡便的に固定費とされている［　3　］に［　4　］を加え、変動費である［　5　］に、その他の［　6　］（ただし［　4　］を除く）も加えている。このような費用分解を前提とすると、［　1　］比率とは、［　3　］と［　4　］の合計額を分子とし、［　7　］と［　6　］と［　4　］の合計額を分母として100をかけることによって求められる。この比率は、その数値が［　8　］ほど収益性は安定しているといえる。

第3問 20点

次の〈資料〉に基づいて（A）～（D）の金額を算定するとともに、未成工事収支比率も算定し、解答用紙の所定の欄に記入しなさい。この会社の会計期間は1年である。なお、解答に際しての端数処理については、解答用紙の指定のとおりとする。

〈資料〉

1．貸借対照表

貸借対照表

（単位：百万円）

（資産の部）		（負債の部）	
現金預金	×××	支払手形	×××
受取手形	33,750	工事未払金	47,000
完成工事未収入金	（ A ）	短期借入金	8,400
未成工事支出金	×××	未払法人税等	1,600
材料貯蔵品	50	未成工事受入金	×××
流動資産合計	×××	流動負債合計	×××
建物	22,250	長期借入金	×××
機械装置	8,100	固定負債合計	×××
工具器具備品	3,200	負債合計	×××
車両運搬具	×××	（純資産の部）	
建設仮勘定	×××	資本金	45,000
土地	12,000	資本剰余金	15,000

3．関連データ（注1）

経営資本営業利益率	4.80％	棚卸資産回転率	25.00回
流動比率（注2）	124.00％	支払勘定回転率	6.00回
固定長期適合比率（注3）	81.05％	現金預金手持月数	0.50月
経営資本回転期間	4.90月	金利負担能力	4.60倍
有利子負債月商倍率	1.16月		

（注1）　算定にあたって期中平均値を使用することが望ましい比率についても、便宜上、期末残高の数値を用いて算定している。

（注2）　流動比率の算定は、建設業特有の勘定科目の金額を控除する方法によっている。

（注3）　固定長期適合比率の算定は、一般的な方法によっている。

第4問　15点

次の〈資料〉に基づき、下記の設問に答えなさい。なお、解答に際しての端数処理については、解答用紙の指定のとおりとする。

〈資料〉

1．完成工事原価の内訳

材料費	?	千円
労務費（すべて労務外注費）	?	千円

第5問 30点

A建設株式会社の第32期（決算日：20×5年3月31日）及び第33期（決算日：20×6年3月31日）の財務諸表並びにその関連データは**〈別添資料〉**のとおりであった。次の設問に解答しなさい。

問1　第33期について、次の諸比率（A～J）を算定しなさい。期中平均値を使用することが望ましい数値については、そのような処置をすること。なお、解答に際しての端数処理については、解答用紙の指定のとおりとする。

A	完成工事高キャッシュ・フロー率	B	総資本事業利益率
C	立替工事高比率	D	受取勘定滞留月数
E	固定比率	F	配当性向
G	労働装備率	H	自己資本比率
I	借入金依存度	J	資本金経常利益率

問2　同社の財務諸表とその関連データを参照しながら、次に示す文中の□の中に入れるべき最も適当な用語・数値を下記の〈用語・数値群〉の中から選び、その記号（ア～ホ）で解答しなさい。なお、算定にあたって期中平均値を使用することが望ましい比率については、便宜上、第33期末残高の数値を用いて算定している。

第5問〈別添資料〉

A建設株式会社の第32期及び第33期の財務諸表並びにその関連データ

貸 借 対 照 表

（単位：千円）

	第32期 20×5年3月31日現在	第33期 20×6年3月31日現在		第32期 20×5年3月31日現在	第33期 20×6年3月31日現在
（資産の部）			**（負債の部）**		
Ⅰ　流動資産			Ⅰ　流動負債		
現金預金	556,100	399,900	支払手形	43,200	39,800
受取手形	62,400	57,900	工事未払金	1,169,800	1,142,900
完成工事未収入金	2,271,100	2,492,200	短期借入金	271,900	274,600
有価証券	1,000	1,200	未払金	50,600	39,100
未成工事支出金	88,100	109,400	未払法人税等	45,800	26,400
材料貯蔵品	25,600	20,200	未成工事受入金	233,200	290,100
その他流動資産	260,100	213,000	預り金	559,300	502,100
貸倒引当金	△　3,700	△　3,500	完成工事補償引当金	9,700	7,800
［流動資産合計］	3,260,700	3,290,300	工事損失引当金	11,100	35,900
Ⅱ　固定資産			その他流動負債	124,300	132,100
1．有形固定資産			［流動負債合計］	2,518,900	2,490,800
建物	129,400	125,200	Ⅱ　固定負債		
構築物	19,300	19,400	社債	200,000	300,000
機械装置	21,900	19,600	長期借入金	197,900	183,800
車両運搬具	5,800	5,900	退職給付引当金	4,700	3,400
工具器具備品	1,500	1,600	その他固定負債	141,000	182,000
土地	315,000	315,000	［固定負債合計］	543,600	669,200

損 益 計 算 書

（単位：千円）

		第32期 自　20×4年4月　1日 至　20×5年3月31日		第33期 自　20×5年4月　1日 至　20×6年3月31日	
Ⅰ	完成工事高		4,451,400		4,289,900
Ⅱ	完成工事原価		4,003,800		3,963,600
	完成工事総利益		447,600		326,300
Ⅲ	販売費及び一般管理費		177,600		193,100
	営業利益		270,000		133,200
Ⅳ	営業外収益				
	受取利息	3,300		1,900	
	受取配当金	4,900		4,600	
	その他営業外収益	6,100	14,300	4,400	10,900
Ⅴ	営業外費用				
	支払利息	5,900		5,800	
	社債利息	900		700	
	為替差損	200		1,500	
	その他営業外費用	2,100	9,100	3,200	11,200
	経常利益		275,200		132,900
Ⅵ	特別利益		1,200		8,600
Ⅶ	特別損失		5,000		4,500
	税引前当期純利益		271,400		137,000

完成工事原価報告書

（単位：千円）

	第32期 自 20×4年4月 1日 至 20×5年3月31日		第33期 自 20×5年4月 1日 至 20×6年3月31日	
Ⅰ 材料費		640,600		604,300
Ⅱ 労務費		396,400		391,500
（うち労務外注費）	(396,400)		(391,500)	
Ⅲ 外注費		2,506,600		2,457,900
Ⅳ 経費		460,200		509,900
完成工事原価		4,003,800		3,963,600

各期末時点の総職員数

	第32期	第33期
総職員数	26人	24人

第33回　解答用紙

第1問　**20点**

解答にあたっては、各問とも指定した字数以内（句読点を含む）で記入すること。

問1

第2問　15点

記号（ア〜へ）

1	2	3	4	5	6	7

8	9	10	11	12	13

第3問　20点

（A）　　　　　百万円（百万円未満を切り捨て）

（B）　　　　　百万円（　同　　上　）

（C）　　　　　百万円（　同　　上　）

第5問　30点

問1

A	完成工事高キャッシュ・フロー率	.	%	（小数点第3位を四捨五入し、第2位まで記入）
B	総資本事業利益率	.	%	（　同　上　）
C	立替工事高比率	.	%	（　同　上　）
D	受取勘定滞留月数	.	月	（　同　上　）
E	固定比率	.	%	（　同　上　）
F	配当性向	.	%	（　同　上　）
G	労働装備率		千円	（千円未満を切り捨て）
H	自己資本比率	.	%	（小数点第3位を四捨五入し、第2位まで記入）
I	借入金依存度		%	（　同　上　）

第34回　問題

第1問
20点

流動性分析に関する次の問に解答しなさい。各問ともに指定した字数以内で記入すること。

問1　流動比率の分析における2対1の原則について説明しなさい。(250字)

問2　棚卸資産滞留月数について説明しなさい。(250字)

第2問
15点

財務分析に関する以下の各記述（1～5）のうち、正しいものには「T」、誤っているものには「F」を解答用紙の所定の欄に記入しなさい。

1．建設業の貸借対照表に関する財務構造の特徴は、製造業と比べると、①固定資産の構成比が相対的に低い、②固定負債の構成比が相対的に低い、③資本・純資産の構成比が相対的に高い、という点が挙げられる。

2．キャッシュ・フロー計算書の構成比率分析とは、全体に対する部分の割合をあらわす比率に基づいてキャッシュ・フローの状況を分析する方法である。ただし、これは営業収入を100%とする直接法によるキャッシュ・フロー計算書を前提としている。

第3問 20点

次の〈資料〉に基づいて（A）～（D）の金額を算定するとともに、流動比率（建設業特有の勘定科目を控除する方法）も算定し、解答用紙の所定の欄に記入しなさい。この会社の会計期間は1年である。なお、解答に際しての端数処理については、解答用紙の指定のとおりとする。

〈資料〉

1．貸借対照表

貸借対照表

（単位：百万円）

（資産の部）		（負債の部）	
現金預金	39,000	支払手形	×××
受取手形	（ A ）	工事未払金	103,700
完成工事未収入金	98,500	短期借入金	23,000
未成工事支出金	×××	未払法人税等	×××
材料貯蔵品	200	未成工事受入金	（ C ）
流動資産合計	×××	流動負債合計	×××
建物	64,000	長期借入金	×××
機械装置	×××	固定負債合計	×××
工具器具備品	6,400	負債合計	244,000
車両運搬具	×××	（純資産の部）	
土地	24,200	資本金	61,000
建設仮勘定	14,700	資本剰余金	61,000
投資有価証券	（ B ）	利益剰余金	×××

3．関連データ（注1）

総資本経常利益率	4.20％	経営資本営業利益率	4.40％
完成工事高経常利益率	2.00％	完成工事原価率	85.50％
当座比率（注2）	125.00％	固定比率	105.00％
受取勘定滞留月数	2.30月	借入金依存度	23.50％
金利負担能力	10.00倍		

（注1） 算定にあたって期中平均値を使用することが望ましい比率についても、便宜上、期末残高の数値を用いて算定している。

（注2） 当座比率の算定は、建設業特有の勘定科目の金額を控除する方法によっている。

第4問 15点

次の〈資料〉に基づき、下記の設問に答えなさい。なお、解答に際しての端数処理については、解答用紙の指定のとおりとする。

〈資料〉

第5期

完成工事高	80,000 千円	
安全余裕率	4.50 ％	（分子に安全余裕額を用いる）
固定費	24,448 千円	
負債合計金額	39,360 千円	
自己資本比率	38.50 ％	

変動的資本は総資本の70.00％とする

第5問 30点

A建設株式会社の第33期（決算日：20×5年3月31日）及び第34期（決算日：20×6年3月31日）の財務諸表並びにその関連データは**〈別添資料〉**のとおりであった。次の設問に解答しなさい。

問1　第34期について、次の諸比率（A～J）を算定しなさい。期中平均値を使用することが望ましい数値については、そのような処置をすること。ただし、Jの流動負債比率は、建設業特有の勘定科目の金額を控除する方法により算定すること。また、Fの営業利益増減率については、プラスの場合は「A」、マイナスの場合は「B」を解答用紙の所定の欄に記入し、数値欄にその符号は付けないこと。なお、解答に際しての端数処理については、解答用紙の指定のとおりとする。

A　立替工事高比率　　B　固定長期適合比率　　C　棚卸資産回転率
D　付加価値率　　E　自己資本事業利益率　　F　営業利益増減率
G　完成工事高キャッシュ・フロー率　　H　配当性向　　I　未成工事収支比率
J　流動負債比率

問2　同社の財務諸表とその関連データを参照しながら、次に示す文中の□に入れるべき最も適当な用語・数値を下記の〈用語・数値群〉の中から選び、その記号（ア～ム）で解答しなさい。期中平均値を使用することが望ましい数値については、そのような処置をし、小数点第3位を四捨五入している。

第5問〈別添資料〉

A建設株式会社の第33期及び第34期の財務諸表並びにその関連データ

貸借対照表

（単位：千円）

	第33期 20×5年3月31日現在	第34期 20×6年3月31日現在		第33期 20×5年3月31日現在	第34期 20×6年3月31日現在
（資産の部）			**（負債の部）**		
Ⅰ　流動資産			Ⅰ　流動負債		
現金預金	448,400	504,900	支払手形	196,000	187,900
受取手形	536,800	528,400	工事未払金	1,002,300	1,104,800
完成工事未収入金	2,103,000	2,246,700	短期借入金	291,000	324,300
有価証券	18,000	14,000	未払金	102,400	163,200
未成工事支出金	148,900	153,900	未払法人税等	28,300	15,500
材料貯蔵品	14,300	12,900	未成工事受入金	309,000	507,500
その他流動資産	106,570	209,560	預り金	387,300	512,000
貸倒引当金	△　3,450	△　3,100	完成工事補償引当金	7,900	9,100
［流動資産合計］	3,372,520	3,667,260	工事損失引当金	38,700	111,000
Ⅱ　固定資産			その他流動負債	105,500	85,600
1．有形固定資産			［流動負債合計］	2,468,400	3,020,900
建物	269,400	308,900	Ⅱ　固定負債		
構築物	52,700	41,600	社債	300,000	200,000
機械装置	32,800	31,700	長期借入金	234,500	212,700
車両運搬具	16,890	16,980	退職給付引当金	22,300	20,400
工具器具備品	8,560	8,430	その他固定負債	32,400	43,100
土地	335,100	333,900	［固定負債合計］	589,200	476,200

損益計算書

（単位：千円）

	第33期 自　20×4年4月　1日 至　20×5年3月31日		第34期 自　20×5年4月　1日 至　20×6年3月31日	
Ⅰ　完成工事高		4,582,300		5,022,100
Ⅱ　完成工事原価		4,209,900		4,757,800
完成工事総利益		372,400		264,300
Ⅲ　販売費及び一般管理費		212,900		223,000
営業利益		159,500		41,300
Ⅳ　営業外収益				
受取利息	380		3,830	
受取配当金	3,520		4,090	
その他営業外収益	5,530	9,430	3,310	11,230
Ⅴ　営業外費用				
支払利息	6,360		9,530	
社債利息	690		530	
為替差損	120		22,390	
その他営業外費用	5,880	13,050	6,350	38,800
経常利益		155,880		13,730
Ⅵ　特別利益		8,780		3,730
Ⅶ　特別損失		4,630		1,180
税引前当期純利益		160,030		16,280

完成工事原価報告書

（単位：千円）

	第33期 自　20×4年4月　1日 至　20×5年3月31日		第34期 自　20×5年4月　1日 至　20×6年3月31日	
Ⅰ　材料費		644,100		808,900
Ⅱ　労務費		36,200		39,300
（うち労務外注費）	(36,200)		(39,300)	
Ⅲ　外注費		2,610,100		2,807,100
Ⅳ　経費		919,500		1,102,500
完成工事原価		4,209,900		4,757,800

各期末時点の総職員数

	第33期	第34期
総職員数	60人	64人

第34回　解答用紙

第1問　**20点**　解答にあたっては、各問とも指定した字数以内（句読点を含む）で記入すること。

問1

第2問　15点

記号（TまたはF）

1	2	3	4	5

第3問　20点

（A）　□□□□□□ 百万円（百万円未満を切り捨て）

（B）　□□□□□□ 百万円（　同　　上　）

（C）　□□□□□□ 百万円（　同　　上　）

（D）　□□□□□□ 百万円（　同　　上　）

流動比率　□□□.□□ %　（小数点第3位を四捨五入し、第2位まで記入）

第５問　30点

問１

A	立替工事高比率	.	%	（小数点第３位を四捨五入し、第２位まで記入）
B	固定長期適合比率	.	%	（　同　上　）
C	棚卸資産回転率	.	回	（　同　上　）
D	付加価値率	.	%	（　同　上　）
E	自己資本事業利益率	.	%	（　同　上　）
F	営業利益増減率	.	%	（　同　上　）記号（AまたはB）
G	完成工事高キャッシュ・フロー率	.	%	（　同　上　）
H	配当性向	.	%	（　同　上　）
I	未成工事収支比率		%	（　同　上　）

めることもできる。なお、[11]は１人当たり総資本を示すものである。また、[9]と[13]の積で求められるのが、１人当たりの人件費すなわち賃金水準となる。

〈用語群〉

ア　完成工事原価	イ　経費	ウ　無形固定資産	エ　資本集約度
オ　付加価値	カ　減価償却費	キ　資本生産性	ク　総職員数
コ　労務費	サ　完成工事高	シ　未稼働投資	ス　設備投資効率
セ　完成工事総利益	ソ　加算法	タ　材料費	チ　完成加工高
ト　労務外注費	ナ　控除法	ニ　労働装備率	ネ　総資本投資効率
ノ　労働生産性	ハ　純付加価値	フ　総合生産性	ヘ　労働分配率

固定資産合計	×××	純資産合計	×××
資産合計	×××	負債純資産合計	×××

2．損益計算書（一部抜粋）

損　益　計　算　書

（単位：百万円）

完成工事高	×××
完成工事原価	（　C　）
完成工事総利益	×××
販売費及び一般管理費	15,730
営業利益	×××
営業外収益	
受取利息配当金	880
その他	（　D　）
営業外費用	
支払利息	600
その他	255
経常利益	×××

第６期	32,200,000千円	26,480,040千円

問１　高低２点法によって費用分解を行い、第６期の変動費率を求めなさい。

問２　第６期の固定費を求めなさい。

問３　第６期の損益分岐点の完成工事高を求めなさい。

問４　第６期の損益分岐点比率を求めなさい。

問５　建設業における慣行的な固変区分による損益分岐点比率や変動費が上記の設問で求めた解答数値と等しく、支払利息の金額はゼロであると仮定したとき、第６期の販売費及び一般管理費の金額を求めなさい。

して活用している。この指標の分子の利益としては、一般に［ 3 ］が用いられる。第32期における［ 1 ］は［ 4 ］%である。

この指標は［ 5 ］によって、まず3つの指標に分解することができ、これは、［ 6 ］を［ 7 ］で除する数値とも等しい。［ 6 ］は包括的な収益力を示し、さらに、利益率と［ 8 ］に分けられる。一方、［ 7 ］の逆数は［ 9 ］とも呼ばれる。第32期における［ 8 ］は［ 10 ］回である。

〈用語・数値群〉

ア	総資本利益率	イ	クロス・セクション	ウ	完成工事高利益率	エ	当期純利益
オ	財務レバレッジ	カ	自己資本利益率	キ	総資本回転率	ク	事業利益
コ	経常利益	サ	経営資本利益率	シ	自己資本比率	ス	営業利益
セ	ＣＣＣ	ソ	ＲＯＥ	タ	ＣＶＰ	チ	デュポンシステム
ト	負債比率	ナ	自己資本回転率	ニ	インタレスト・カバレッジ	ネ	経営資本回転率
ノ	0.67	ハ	0.73	フ	0.74	ヘ	5.58
ホ	6.90	ム	6.97	モ	10.02	ヤ	14.29

有形固定資産合計	678,000	737,510
2．無形固定資産		
のれん	4,400	4,100
その他無形資産	7,300	7,400
無形固定資産合計	11,700	11,500
3．投資その他の資産		
投資有価証券	673,400	566,300
関係会社株式	8,500	8,500
長期貸付金	1,300	1,200
長期前払費用	980	1,400
退職給付に係る資産	49,700	50,800
その他投資資産	24,500	59,600
貸倒引当金	△ 19,700	△ 19,660
投資その他の資産合計	738,680	668,140
［固定資産合計］	1,428,380	1,417,150
資産合計	3,258,450	3,316,710

（純資産の部）		
Ⅰ　株主資本		
1．資本金	198,400	198,400
2．資本剰余金		
資本準備金	262,400	262,400
資本剰余金合計	262,400	262,400
3．利益剰余金		
利益準備金	2,400	2,400
その他利益剰余金	954,600	1,082,680
利益剰余金合計	957,000	1,085,080
4．自己株式	△ 46,400	△ 80,600
［株主資本合計］	1,371,400	1,465,280
Ⅱ　評価・換算差額等		
その他有価証券評価差額金	309,600	246,700
［評価・換算差額等合計］	309,600	246,700
純資産合計	1,681,000	1,711,980
負債純資産合計	3,258,450	3,316,710

〔付記事項〕

1．流動資産中の貸倒引当金は、受取手形と完成工事未収入金に対して設定されたものである。

2．その他流動資産は営業活動に伴うものであるが、当座の支払能力を有するものではない。

3．投資その他の資産は、すべて営業活動には直接関係していない資産である。

4．引当金及び有利子負債に該当する項目は、貸借対照表に明記したもの以外にはない。

5．第32期において繰越利益剰余金を原資として実施した配当の額は42,600千円である。

法人税等調整額	△ 5,500	52,600	9,630	51,830
当期純利益		94,600		118,170

〔付記事項〕

1．第32期における有形固定資産の減価償却費及び無形固定資産の償却費の合計額は18,100千円である。

2．その他営業外費用には、他人資本に付される利息は含まれていない。

キャッシュ・フロー計算書（要約）

（単位：千円）

	第31期 自 20×4年4月 1日 至 20×5年3月31日	第32期 自 20×5年4月 1日 至 20×6年3月31日
Ⅰ 営業活動によるキャッシュ・フロー	230	182,900
Ⅱ 投資活動によるキャッシュ・フロー	△ 89,600	△ 27,500
Ⅲ 財務活動によるキャッシュ・フロー	17,200	△ 39,970
Ⅳ 現金及び現金同等物の増加・減少額	△ 72,170	115,430
Ⅴ 現金及び現金同等物の期首残高	288,300	216,130
Ⅵ 現金及び現金同等物の期末残高	216,130	331,560

問2

支払勘定回転率　　　　回　（小数点第３位を四捨五入し、第２位まで記入）

第４問　15点

問１　　　　%　（小数点第３位を四捨五入し、第２位まで記入）

問２　　　　千円（千円未満を切り捨て）

問３　　　　千円（　同　上　）

問４　　　　%　（小数点第３位を四捨五入し、第２位まで記入）

問５　　　　千円（千円未満を切り捨て）

J　労働装備率　　　　千円（千円未満を切り捨て）

問２

記号（ア～ヤ）

1	2	3	4	5	6	7	8	9	10

されるが、[10]分析の分子となるのは[12]である。当期の完成工事高が12,000千円で、[9]が10,000千円、[12]が2,400千円であるとき、[10]の完成工事高は、[13]千円（千円未満を切り捨て）となる。

〈用語群〉

ア　営業外収益	イ　営業外費用	ウ　資本回収点	エ　固定的資本
オ　営業外損益	カ　高い	キ　変動的資本	ク　経常
コ　損益分岐点	サ　完成工事原価	シ　支払利息	ス　受取利息
セ　完成工事総利益	ソ　総資本	タ　低い	チ　特別損失
ト　総費用	ナ　営業	ニ　限界利益	ネ　販売費及び一般管理費
ノ　6,545	ハ　9,500	フ　20,727	ヘ　22,000

資産合計	×××	負債純資産合計	×××

2．損益計算書（一部抜粋）

損 益 計 算 書

	（単位：百万円）
完成工事高	420,000
完成工事原価	（　C　）
完成工事総利益	×××
販売費及び一般管理費	30,268
営業利益	×××
営業外収益	
受取利息配当金	（　D　）
その他	700
営業外費用	
支払利息	1,900
その他	×××
経常利益	×××

（うち人件費　　　　　　35,000千円）

2．資産の内訳（期中平均）

流動資産	289,000千円
有形固定資産	122,000千円
（うち建設仮勘定	?　千円）
無形固定資産	3,500千円
投資その他の資産	65,500千円

3．総職員数

期首　29人　　期末　?人

4．その他（注）

完成工事高総利益率　25.00％　　総資本回転率　1.15回　　労働生産性　6,624千円

設備投資効率　165.60％

（注）期中平均値を使用することが望ましい比率については、そのような処置をしている。

問1　付加価値率を計算しなさい。

問2　前期の付加価値が172,800千円であるときの付加価値増減率を計算しなさい。なお、当該比率がプラスの場合は「A」、マイナスの場合は「B」を解答用紙の所定の欄に記入しなさい。

問3　付加価値対固定資産比率を計算しなさい。

問4　資本集約度を計算しなさい。

問5　建設仮勘定の金額を計算しなさい。

転期間の分母に用いられるのは、[2]であるが、項目別に回転を測定する場合には必ずしも適当であるとはいえず、例えば、未成工事支出金の回転率や回転期間をとらえるためには、[3]と比較するべきである。なお、経営事項審査の経営状況の審査内容で用いられているのが、[4]回転期間であり、この数値は[5]ほど好ましいといえる。

また、企業の仕入、販売、代金回収活動に関する回転期間を総合的に判断する指標が、[6]である。この指標は、[7]回転日数と[8]回転日数を足し、[9]回転日数を引くことで求められる。そして、この数値は[5]方が望ましいといえる。第33期における[7]回転日数と[8]回転日数の合計は[10]日（小数点未満を切り捨て）である。

〈用語・数値群〉

ア	負債	イ	健全性	ウ	仕入債務	エ	小さい
オ	キャッシュ・コンバージョン・サイクル			カ	活動性	キ	未収施工高
ク	完成工事高	コ	売上債権	サ	ＲＯＩ	シ	完成工事原価
ス	大きい	セ	総資本	ソ	安全性	タ	固定資産
チ	ＣＶＰ	ト	純資産	ナ	未成工事受入金	ニ	棚卸資産
ネ	200	ノ	202	ハ	207	フ	216
ヘ	225	ホ	227				

有形固定資産合計	610,300	646,200	（純資産の部）		
2．無形固定資産			Ⅰ　株主資本		
のれん	10,000	10,000	1．資本金	304,500	304,500
その他無形資産	4,900	3,800	2．資本剰余金		
無形固定資産合計	14,900	13,800	資本準備金	183,900	183,900
3．投資その他の資産			資本剰余金合計	183,900	183,900
投資有価証券	188,500	169,900	3．利益剰余金		
関係会社株式	47,700	81,300	別途積立金	500,000	600,000
長期貸付金	188,500	211,500	その他利益剰余金	224,700	132,900
長期前払費用	500	800	利益剰余金合計	724,700	732,900
繰延税金資産	28,100	36,300	4．自己株式	△　5,900	△　5,600
その他投資資産	26,100	10,300	［株主資本合計］	1,207,200	1,215,700
貸倒引当金	△　32,400	△　34,900	Ⅱ　評価・換算差額等		
投資その他の資産合計	447,000	475,200	その他有価証券評価差額金	63,200	49,800
［固定資産合計］	1,072,200	1,135,200	［評価・換算差額等合計］	63,200	49,800
			純資産合計	1,270,400	1,265,500
資産合計	4,332,900	4,425,500	負債純資産合計	4,332,900	4,425,500

〔付記事項〕

1．流動資産中の貸倒引当金は、受取手形と完成工事未収入金に対して設定されたものである。

2．その他流動資産は営業活動に伴うものであるが、当座の支払能力を有するものではない。

3．投資その他の資産は、すべて営業活動には直接関係していない資産である。

4．引当金及び有利子負債に該当する項目は、貸借対照表に明記したもの以外にはない。

5．第33期において繰越利益剰余金を原資として実施した配当の額は28,000千円である。

法人税等調整額	17,800	81,700	△ 2,500	44,700
当期純利益		189,700		92,300

〔付記事項〕

1．第33期における有形固定資産の減価償却費及び無形固定資産の償却費の合計額は6,800千円である。

2．その他営業外費用には、他人資本に付される利息は含まれていない。

キャッシュ・フロー計算書（要約）

（単位：千円）

	第32期 自 20×4年4月 1日 至 20×5年3月31日	第33期 自 20×5年4月 1日 至 20×6年3月31日
Ⅰ 営業活動によるキャッシュ・フロー	306,900	△ 76,900
Ⅱ 投資活動によるキャッシュ・フロー	△128,000	△118,200
Ⅲ 財務活動によるキャッシュ・フロー	△ 31,100	38,900
Ⅳ 現金及び現金同等物の増加・減少額	147,800	△156,200
Ⅴ 現金及び現金同等物の期首残高	408,300	556,100
Ⅵ 現金及び現金同等物の期末残高	556,100	399,900

問2

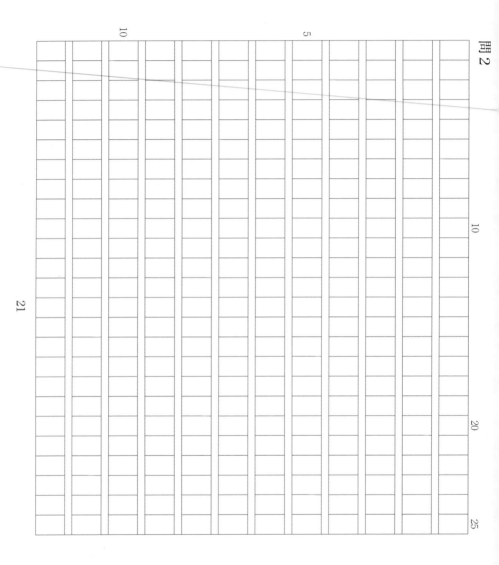

未成工事収支比率　　　　%　（小数点第3位を四捨五入し、第2位まで記入）

第4問　15点

問1　　　　%　（小数点第3位を四捨五入し、第2位まで記入）

問2　　　　%　（　同　　上　）　記号（AまたはB）

問3　　　　%　（小数点第3位を四捨五入し、第2位まで記入）

問4　　　　千円（千円未満を切り捨て）

問5　　　　千円（　同　　上　）

J　資本金経常利益率　　　　　　%　（　同　上　）

問2

記号（ア～ホ）

1	2	3	4	5	6	7	8	9	10

3．運転資本保有月数とは、正味の運転資本が企業の収益と対比してどの程度のものかを示す指標であり、保有月数が多いほど支払能力があり財務健全性は良好であることを意味する。なお、運転資本とは、流動資産から流動負債を控除した金額を意味する。

4．総合評価の一つの手法としてレーダー・チャート法があるが、これは円形の図形の中に選択された適切な分析指標を記入し、平均値との乖離具合を凹凸の状況によってビジュアルに認識しようとするものである。ただし、比較対象となる平均値の選択次第で分析の評価内容は異なることに注意しなければならない。

5．固定費と変動費に分解する方法には、勘定科目精査法、高低２点法、スキャッターグラフ法（散布図表法）などがある。ただし、建設業における慣行的な区分は、固定費を販売費及び一般管理費とし、変動費を工事原価すべてと支払利息としている。

資産合計	×××	負債純資産合計	×××

2．損益計算書（一部抜粋）

損 益 計 算 書

	（単位：百万円）
完成工事高	×××
完成工事原価	×××
完成工事総利益	×××
販売費及び一般管理費	（ D ）
営業利益	×××
営業外収益	
受取利息配当金	1,740
その他	×××
営業外費用	
支払利息	1,780
その他	×××
経常利益	×××

問１　損益分岐点の完成工事高を求めなさい。

問２　資本回収点の完成工事高を求めなさい。

問３　第５期の変動費を求めなさい。

問４　第６期の目標利益を2,200千円としたときの完成工事高を求めなさい。なお、変動費率と固定費は第５期と同じとする。

問５　第７期には経営能力拡大のため、880千円の固定費の増加が見込まれている。第７期の完成工事高営業利益率５％として、これを達成するための完成工事高を求めなさい。なお、変動費率は第５期と同じとする。

(1)　生産性分析の基本指標は、付加価値労働生産性の測定であるが、この労働生産性はいくつかの要因に分解して分析することができる。一つは、一人当たり［ 1 ］×付加価値率に分解され、二つめは、［ 2 ］×総資本投資効率であり、［ 2 ］は一人当たり総資本を示すものである。三つめは、［ 3 ］×［ 4 ］である。［ 3 ］は、従業員一人当たりの生産設備への投資額を示しており、工事現場の機械化の水準を示している。第34期における［ 2 ］は［ 5 ］千円（千円未満切り捨て）であり、［ 4 ］は［ 6 ］％である。

(2)　経営事項審査において、経営状況（Y）には具体的な審査内容は8つあるが、その中で数値が低いほど好ましい指標は［ 7 ］と［ 8 ］である。第34 期における［ 7 ］は［ 9 ］％であり、［ 8 ］は［ 10 ］月である。

〈用語・数値群〉

ア	純支払利息比率	イ	完成工事原価	ウ	設備投資効率	エ	負債回転期間
オ	付加価値	カ	自己資本比率	キ	有形固定資産回転率	ク	資本集約度
コ	労働装備率	サ	付加価値対固定資産比率	シ	完成工事高	ス	自己資本対固定資産比率
セ	固定負債比率	ソ	支払勘定回転率	タ	0.03	チ	0.04
ト	0.11	ナ	7.83	ニ	8.01	ネ	8.36
ノ	156.56	ハ	184.33	フ	187.62	ヘ	76,900
ホ	77,485	ム	79,985				

有形固定資産合計	848,850	897,210	（純資産の部）		
2．無形固定資産			Ⅰ　株主資本		
のれん	32,500	30,800	1．資本金	305,000	305,000
その他無形資産	5,100	5,800	2．資本剰余金		
無形固定資産合計	37,600	36,600	資本準備金	183,900	183,900
3．投資その他の資産			資本剰余金合計	183,900	183,900
投資有価証券	170,200	178,400	3．利益剰余金		
関係会社株式	40,400	45,800	利益準備金	23,200	23,200
繰延税金資産	42,500	57,900	その他利益剰余金	987,070	924,670
長期前払費用	12,400	12,800	利益剰余金合計	1,010,270	947,870
退職給付に係る資産	34,700	41,600	4．自己株式	△ 12,500	△ 12,900
その他投資資産	52,300	60,100	［株主資本合計］	1,486,670	1,423,870
貸倒引当金	△ 34,900	△ 38,600	Ⅱ　評価・換算差額等		
投資その他の資産合計	317,600	358,000	その他有価証券評価差額金	32,300	38,100
［固定資産合計］	1,204,050	1,291,810	［評価・換算差額等合計］	32,300	38,100
			純資産合計	1,518,970	1,461,970
資産合計	4,576,570	4,959,070	負債純資産合計	4,576,570	4,959,070

〔付記事項〕

1．流動資産中の貸倒引当金は、受取手形と完成工事未収入金に対して設定されたものである。

2．その他流動資産は営業活動に伴うものであるが、当座の支払能力を有するものではない。

3．投資その他の資産は、すべて営業活動には直接関係していない資産である。

4．引当金及び有利子負債に該当する項目は、貸借対照表に明記したもの以外にはない。

5．第34期において繰越利益剰余金を原資として実施した配当の額は1,700 千円である。

法人税等調整額	△ 2,670	53,530	△ 24,100	10,670
当期純利益		106,500		5,610

〔付記事項〕

1．第34期における有形固定資産の減価償却費及び無形固定資産の償却費の合計額は6,580千円である。

2．その他営業外費用には、他人資本に付される利息は含まれていない。

キャッシュ・フロー計算書（要約）

（単位：千円）

	第33期 自 20×4年4月 1日 至 20×5年3月31日	第34期 自 20×5年4月 1日 至 20×6年3月31日
Ⅰ 営業活動によるキャッシュ・フロー	△ 76,800	196,900
Ⅱ 投資活動によるキャッシュ・フロー	△ 11,800	△ 11,700
Ⅲ 財務活動によるキャッシュ・フロー	13,600	△128,700
Ⅳ 現金及び現金同等物の増加・減少額	△ 75,000	56,500
Ⅴ 現金及び現金同等物の期首残高	523,400	448,400
Ⅵ 現金及び現金同等物の期末残高	448,400	504,900

問2

第4問 15点

問1 　　　　千円（千円未満を切り捨て）

問2 　　　　千円（　同　　上　）

問3 　　　　千円（　同　　上　）

問4 　　　　千円（　同　　上　）

問5 　　　　千円（　同　　上　）

J　流動負債比率　　　　.　％（　同　上　）

問２

記号（ア～ム）

1	2	3	4	5	6	7	8	9	10

問題 46

	1	2	3	4	5	6
記号（ア～シ）						

問題 47

① 　　② 　　③ 　　④

⑤ 　　⑥ 　　⑦

問題 48

(1) 職員１人あたり完成工事高 　　千円

(2) 労　働　生　産　性 　　千円

(3) 資　本　集　約　度 　　千円

(4) 労　働　装　備　率 　　千円

(5) 設　備　投　資　効　率 　　%

問題49

1.

2.

3.

4.

5.

6.

7.

8.

9.

10.

問題50

付加価値率	.	%	(小数点以下第2位を四捨五入する)
職員1人あたり完成工事高		千円	(千円未満切り捨て)
労働装備率		千円	(同 上)
設備投資効率	.	%	(小数点以下第2位を四捨五入する)

問題51

	1	2	3	4	5
記号 (ア～カ)					

問題 52

	1	2	3
記号（ア～カ）			

問題 53

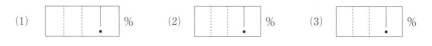

(1) %　　(2) %　　(3) %

(4) %　　(5) %

問題 54

〔問 1〕

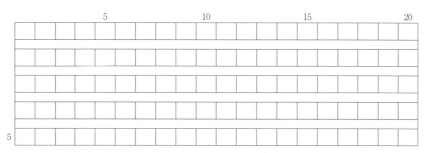

〔問2〕

〔問3〕

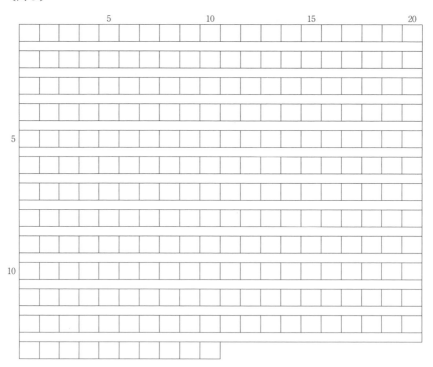

問題 55

〔問1〕

〔問2〕

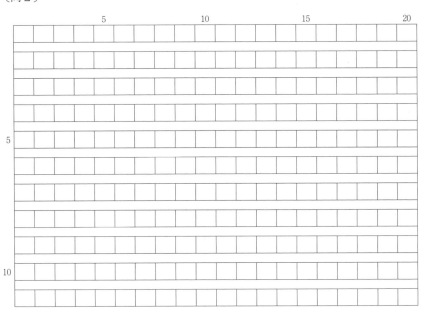

〔問3〕

5 10 15 20

問題 56

〔問1〕

5 10 15 20

〔問2〕

5 10 15 20

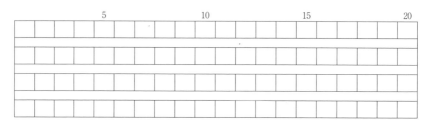

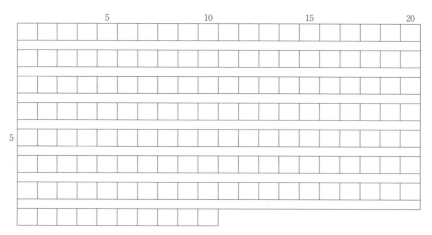

問題 57

〔問１〕

〔問２〕

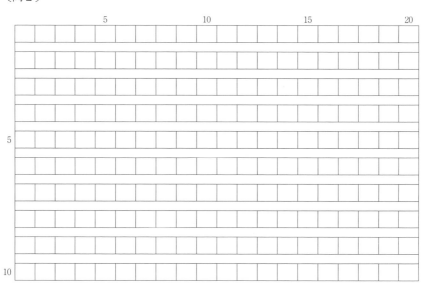

問題 58

〔問1〕

〔問2〕

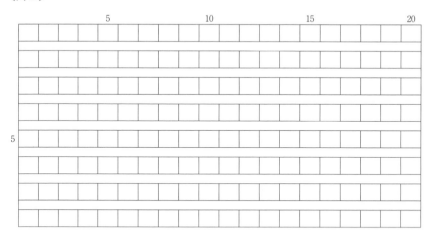

問題 59

問題 60

問題 61

〔問１〕

〔問２〕

〔問３〕

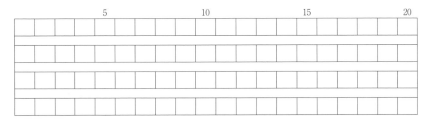

問題 62

〔問1〕

項　　　目	T　社		S　社	
	実数(千円)	百分率(%)	実数(千円)	百分率(%)
営業活動による収入	(　　)	(　　)	(　　)	(　　)
営業活動による支出	(　　)	(　　)	(　　)	(　　)
営業活動によるキャッシュ・フロー	(　　)	(　　)	(　　)	(　　)
投資活動による収入	(　　)	(　　)	(　　)	(　　)
投資活動による支出	(　　)	(　　)	(　　)	(　　)
投資活動によるキャッシュ・フロー	(　　)	(　　)	(　　)	(　　)
財務活動による収入	(　　)	(　　)	(　　)	(　　)
財務活動による支出	(　　)	(　　)	(　　)	(　　)
財務活動によるキャッシュ・フロー	(　　)	(　　)	(　　)	(　　)
現金及び現金同等物に係る換算差額	(　　)	(　　)	(　　)	(　　)
現金及び現金同等物の増加額	(　　)	(　　)	(　　)	(　　)

〔問2〕

	1	2	3	4	5	6	7	8	9
記号									
(ア〜コ)	10	11	12	13					

問題 63

〔問１〕

〔問２〕

問題 64

〔問1〕

〔問2〕

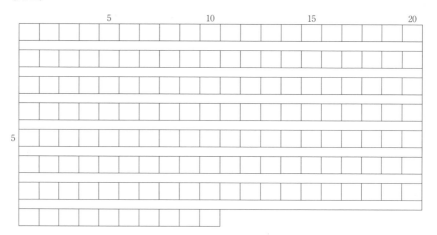

問題 65

総合評価表

摘要	ウェイト(A)	基準比率(B)	当社比率(C)	対比比率(D)	評価指数(E)
流動比率	25	150.34			
固定比率	15	78.88			
固定長期適合比率	25	110.24			
受取勘定回転率	10	5.29			
棚卸資産回転率	10	10.36			
固定資産回転率	10	7.38			
自己資本回転率	5	15.21			
総合評価	100	——	——	——	

（注）対比比率(D)は，百分率で表示する。また，(C)(D)(E)は小数点第３位を四捨五入して記入すること。

問題 66

問題 67

ア. 百万円

イ. 百万円

ウ. 百万円

問題68

〔問１〕

A	経営資本営業利益率		%	(小数点以下第3位を四捨五入し，第2位まで記入すること)
B	完成工事高総利益率		%	(同上)
C	総資本回転率		回	(同上)
D	当座比率		%	(同上)
E	固定比率		%	(同上)
F	固定長期適合比率		%	(同上)
G	設備投資効率		%	(同上)
H	職員1人あたり付加価値		百万円	(同上)
I	運転資本保有月数		月	(同上)
J	借入金依存度		%	(同上)
K	営業キャッシュ・フロー対負債比率		%	(同上)
L	完成工事高キャッシュ・フロー率		%	(同上)

〔問２〕

	1	2	3	4	5
記号（ア～シ）					

問題 69

〔問1〕

A	総資本経常利益率	.	%	(小数点以下第3位を四捨五入し，第2位まで記入すること)
B	総資本回転率	.	回	(同上)
C	流動比率	.	%	(同上)
D	固定比率	.	%	(同上)
E	完成工事高総利益率	.	%	(同上)
F	運転資本保有月数	.	月	(同上)
G	設備投資効率	.	%	(同上)
H	付加価値率	.	%	(同上)
I	職員1人あたり完成工事高		百万円	
J	必要運転資金滞留月数	.	月	(小数点以下第3位を四捨五入し，第2位まで記入すること)
K	有利子負債月商倍率	.	月	(同上)

〔問2〕

	1	2	3	4	5	6	7	8	9
記号 （ア～タ）									

問題70

〔問1〕

A	経営資本営業利益率	.	%	(小数点以下第3位を四捨五入し，第2位まで記入すること)
B	自己資本経常利益率	.	%	(同 上)
C	棚卸資産回転率	.	回	(同 上)
D	支払勘定回転率	.	回	(同 上)
E	受取勘定回転率	.	回	(同 上)
F	当座比率	.	%	(同 上)
G	運転資本保有月数	.	月	(同 上)
H	固定比率	.	%	(同 上)
I	固定長期適合比率	.	%	(同 上)
J	負債比率	.	%	(同 上)
K	営業キャッシュ・フロー対流動負債比率	.	%	(同 上)

〔問2〕

	1	2	3
記号 (○または×)			